FORD TAUNUS STORY

ALLE GENERATIONEN SEIT 1945
BUCKEL, KNUDSEN & CO.

Alexander F. Storz

Motor
buch
Verlag

Impressum

Einbandgestaltung: Luis dos Santos
Umschlagmotive: Archiv Autor.

Es geht nie ohne freundliche oder gar freundschaftliche Hilfe.
Fotonachweis und gleichzeitig Dank an:
Jens-Peter Berthmann, Wolfgang Diem (15), Christian Fries (1), Uwe Heinritz (3), Egbert Schark (1), Paul Simsa (1), Alexander F. Storz (21), Hyundai Motors Deutschland, Erik Mertens und Bernhard Voß (8), Archiv Matthias Braun (3), Archiv Daimler (2), Archiv Ford-GB (5), Archiv Ford-Köln, Klaus Stollenwerk (18), Archiv Ford-USA (2), Archiv NSU GmbH (1), Archiv Opel (1), Archiv Porsche (1), Archiv Storz (309), Archiv Georg Voll via Peter Michels (1).

ISBN 978-3-613-04439-5

1. Auflage 2022

Sie finden uns im Internet unter WWW.MOTORBUCH-VERLAG.DE

Lektorat: Joachim Kuch
Innengestaltung: Lukas Kretzschmar und Anna Kurz, tebitron gmbh, Gerlingen
Druck und Bindung: Conzella, 85609 Aschheim-Dornach
Printed in Germany

BADENIA
844-799

Inhalt

Einleitung 6

Von der Spree an den Rhein:
Der lange Weg zum »Deutschen Erzeugnis« 10

Auferstanden aus Ruinen: Das zweite Leben des Buckel-Taunus 28

Mehr als nur ein Design-Gag: Der Taunus mit der Weltkugel 44

Gelsenkirchener Barock: Ford Taunus 17m P2 64

Die Verkaufszahlen hoch:
Mit der Badewanne einen Schlager gelandet 84

Und über sich nur Himmel und Sonne:
Ford Cabriolets von Deutsch 96

Vom NPX zum P4: Das ungeliebte Projekt Cardinal 104

Gewachsen und erwachsen: Der P5 als letzte »Linie der Vernunft« 118

Ford P6: Brot, Butter sowie die »Formel RS« 132

Zu amerikanisch für Europa: Der P7a tanzte nur einen Sommer 144

Zurück zu Vernunft und Luxus: Der feine P7b 154

Taunus TC1: Ein europäisches Auto 172

Der letzte klassische Taunus: Der TC2 als Bürgers Liebling 184

Taunus in aller Welt: Montage im Ausland
und Importe nach Deutschland 196

Einleitung

Zwei Marken, die das gleiche Segment besetzen: Ford und Opel. Auf der Straße sind beide auf Augenhöhe, schon seit den 50er Jahren. In Sachen Popularität und Verkaufszahlen schenkten sich die beiden wenig, doch das Blatt hat sich gewendet: Aus historischer Perspektive in der Jetztzeit, also rückblickend, gesehen, hat Opel mehr Anhänger als Ford. Opel-Liebhaber lesen mehr Bücher, kaufen mehr Miniaturautos, veranstalten mehr Klassikertreffen, sind besser organisiert, die Opel-Szene ist reger als die Ford-Szene. Eigentlich kurios. Und eigentlich nicht erklärbar. Aber es ist Fakt, und der Verfasser schrieb viel mehr über Opel als über Ford.

Dabei hat das nichts mit persönlicher Vorliebe zu tun. Im Gegenteil. Der Verfasser mag Ford. Die erste Autofahrt seines Lebens, von der Geburtsklinik einige Tage später nachhause, absolvierte er im Taunus 17m P2 Deluxe des Vaters, den dieser als Neuwagen 1960 kaufte und für damalige Verhältnisse sehr lang, bis 1968, fuhr. Und vielleicht liegt es an der frühkindlichen Prägung: Seit 1989 ist der Autor durchgehend Granada-Fahrer. Somit entspricht die Marke Ford sehr wohl den persönlichen Vorlieben. Aber die Auftragslage an den Buchautor und Journalisten sprach eine andere Sprache: Schreibe über Opel, denn Opel geht immer, Opel verkauft sich gut. Na denn...

Nun soll Ford auch zu seinem Recht kommen. 2021 erschien im Motorbuch-Verlag sein Buch über die Großen Ford, Consul/Granada und dessen Nachfolger Scorpio. Dem ersten folgt nun der zweite Streich, und der gilt den Nachkriegs-Ford mit Namen Taunus. Sagen wir besser: Die Taunus-Serie, denn nicht alle heißen Taunus. Im Herbst 1967 strich Ford den Zweitnamen und aus dem Ford Taunus 17m wurde der Ford 17m. Dennoch reicht die stringente Taunus-Ahnenreihe vom Buckel-Taunus bis zum P7b. Danach gab es, nach zeitlicher Zäsur, erneut zwei Taunus, den TC1 und TC2, die Nachfolger des 12m und 15m P6, während der P7b durch den Consul/Granada ersetzt wurde. Des Namens halber dürfen TC1 und TC2 mit hinein in dieses Buch. Und weil der Buckel-Taunus ab 1948 keine Nachkriegs-Neukonstruktion war, sondern die Wiederaufnahme eines Vorkriegs-Fahrzeuges, bot sich an, die Ford-Vorkriegsgeschichte als einleitendes Kapitel kurz zu beleuchten – quasi die Wurzeln von Ford in Köln (die in Wahrheit in Berlin liegen).

Frühe Verbindung zu Kölner Produkten: Der Autor mit süßen 2 ½ Jahren vor seines Vaters Taunus 17m P2 Deluxe, in jeder Hand ein Matchbox-Auto. Daran hat sich eigentlich bis heute nicht viel geändert. Statt Matchbox werden größere Spielzeugauto-Maßstäbe und andere Marken bevorzugt und aus dem P2 des Vaters ist ein Granada geworden.

Er ist aus heutiger Sicht fast schon prähistorisch, der »Buckel-Taunus« mit Vorkriegsvergangenheit. Selbst für ältere Ford-Enthusiasten beginnt die Ford-Geschichte eigentlich mit dem Nachfolger, dem Weltkugel-Taunus. Im Bild die Fertigmontage des Taunus Spezial 1950.

Eine Straßenszene, die nahezu ausschließlich aus Ford besteht: zwei P2, ein Standard und ein Deluxe, sowie zwei Weltkugel-Taunus. Dann ein MG A, sicherlich nicht häufig auf westdeutschen Straßen, und im Hintergrund die unvermeidlichen Käfer. Kein Opel weit und breit, die Luft ist rein!

Die Weltkugel machte den Ford im Nachkriegsdeutschland groß, das Markenimage ebenso wie die Fabrik in Köln-Niehl. Ein Taunus 12m (September 1957 bis August 1959) in der Werkstatt, daneben ein Opel Rekord A. Der Monteur fummelt am Kühlergrill – was immer er da machen mag.

Weiße Mäuse: Fahrzeuge der motorisierten Gendarmerie Koblenz am Nürburgring, aufgenommen im Mai 1960. Zwei Ford Taunus 15m (Version 1955 bis 1957) werden von einem Volkswagen Standard und einem Ford Taunus 17m P2 in Standard-Ausführung (Version 1959/60) flankiert. Die Wagen tragen typisches Polizeizubehör, Blaulichter, Suchscheinwerfer, Sirenen und Nebelscheinwerfer.

Der Aufbau des Werkes folgt der Logik: Jeder Nachkriegs-Taunus bekommt sein eigenes Kapitel, und den meisten Kapiteln hängt noch eine Zweitgeschichte an, sozusagen ein Exkurs, der spezielle Themen vertieft. Es geht nicht nur um Autos. Natürlich hauptsächlich um sie. Aber sie sind eingebettet in ihren Kontext, soziologischer, wirtschaftlicher, manchmal sogar politischer Natur. Denn ohne seinen Rahmen wirkt kein Bildnis, und ohne die äußeren Rahmenbedingungen sind wirtschaftliche und produktbezogene Entscheidungen eines Autoherstellers nicht verständlich. Im Falle von Ford bedarf es deshalb sogar manchmal eines Blicks über den Großen Teich, wo Henry Ford II das Zepter schwang und teilweise einsame Entscheidungen traf, welche die europäischen Filialen, also auch Köln, zu akzeptieren hatten. Das letzte Kapitel dürfte für so manchen Taunus-Enthusiasten das spannendste sein. Denn darin ist zusammengetragen, wo in der weiten Welt die deutschen Ford Taunus ihre weiteren Wirkungsstätten hatten, wo sie in Lizenz gebaut wurden, teils mit gewaltigen Abwandlungen. Wer beispielsweise mit dem P7b vertraut ist, weiß womöglich bislang nicht, dass es ihn auch in Südafrika gab, dort mit einem englischen 3-Liter-Motor mit 138 PS, oder dass er bei Hyundai in Südkorea gebaut wurde. War die deutsche Genealogie die Pflicht, so erwies sich das Kapitel der weltweiten Verbreitung als vergnügliche Kür.

Bisherige Ford-Bücher, allzu viele sind es nicht, wurden fast ausschließlich mit Werksfotos illustriert. Auf diese kann und will vorliegen-

Lebensfreude pur: Zwei Damen im Ford Taunus 12m P4, aufgenommen am Lago di Misurina in den Dolomiten, am Anfang eines unglaublich schönen Sommerurlaubs.

Die Mehrheit fuhr Volkswagen, der Volkswagen war allgegenwärtig, vom schicken Export-Käfer bis zum chromlosen, grauen Standard-Käfer, der hinter dem Taunus 17m P3 parkt. Ein Ford P3 war etwas Besonderes, modern und modisch zugleich. Ein Wagen, der belegt: Wir haben es zu etwas gebracht. Und genau so sehen die Herrschaften auch aus.

Dieses Image vom Auto für den arrivierten Bürger verstärkte Ford mit dem P5, noch selbstbewusster, noch erwachsener, noch optimistischer – hier im Doppelpack zu sehen, und außer den beiden Fiat 850 parken lauter ausgewachsene Fahrzeuge: Rekord C, Mercedes W111, Citroën DS19, ganz hinten ein Tempo Matador E Kleinbus.

Der Kunde hat die Wahl: Im Würmtal-Autocenter stehen die Gebrauchten in Reih' und Glied. Von links ein 12m P4, ein Fiat 850, ein 12m P6 mit Teroson-Unterbodenschutz an der Frontschürze, ein zweifarbiger P5, daneben ein 17m P7b Turnier und ein weiterer 12m P6. Aufnahme von 1971.

Der Übergang, der Aufstieg, der Abstieg – zumindest der Ersatz. Der BMW 1800, die Neue Klasse, mit Zusatzscheinwerfern muss gehen. Ersetzt wird er 1972 durch einen Taunus 2300 GXL. Bei ihm sind die Zusatzscheinwerfer serienmäßig. Und einen geschwärzten Grill mit doppelten Chromstreifen mittig haben beide. Der Dame scheint der Umstieg nicht schwerzufallen.

des Buch nicht verzichten. Aber die Fotoauswahl wird garniert von Privatfotos, viele davon bislang unveröffentlicht, die den jeweiligen Taunus in seiner natürlichen Umgebung zeigen, auf der Straße, im Urlaub, auf Feldwegen, beim Campen, in der Werkstatt, an der Tankstelle, im Schnee, im Ausstellungsraum beim Ford-Händler, bei Motorsportveranstaltungen – also einfach aus dem Leben gegriffen. Solche Fotos, auf denen die Wagen teilweise nicht mal die Hauptrolle spielen, sind authentisch, sind Zeitzeugnisse. Sie sind nicht gestellt und steril, wie die Werksfotos mit oder ohne Mannequins, im Studio oder vor dem ausgesuchten Moselromantikhintergrund aufgenommen. Im Zweifelsfall entschieden sich Autor und Verlag für das Foto eines Alltagswagens im Alltagsverkehr und gegen die Studioaufnahme – und gegen Aufnahmen restaurierter Klassiker. Wo es nicht anders ging, wurden Fotos von Ford-Klassiker-Treffen verwendet. Aber die stammen auch aus analogen Zeiten, aus den 80er und 90er Jahren, und sie somit selbst fast schon wieder historisch.

Die Ford-Geschichte braucht sich nicht hinter der Opel-Geschichte zu verstecken. Sie ist mindestens ebenso spannend, wenngleich Opel dem Kölner Konkurrenten eben immer den »Großwagen« voraus hatte, den Kapitän, der zum Admiral und Diplomat wurde. Tauchen Sie mit ein in die Ford-Geschichte, gehen Sie auf Zeitreise mit dem Buckel-Taunus, der Weltkugel, dem Gelsenkirchener Barock, der Badewanne und all ihren Epigonen. Ford bewegt – lassen wir uns bewegen!

Ulm, im März 2022
Alexander Franc Storz

Y 57424

KAPITEL 1

Von der Spree an den Rhein: Der lange Weg zum »Deutschen Erzeugnis«

Ford kam als Ausländer nach Deutschland, wie so viele Ausländer nach Deutschland kamen: Sie wollten den Deutschen Autos verkaufen. Aber der deutsche Staat machte ihnen das Leben schwer, schützte die heimische Industrie und den heimischen Industriearbeiter, indem er auf Importfahrzeuge hohe Zölle erhob. Nun ist in einem gesunden Wirtschaftsgefüge in einem industrialisierten Staat eigentlich kein staatlicher Protektionismus nötig; die einheimische Industrie hat sich dem Wettbewerb zu stellen, und wenn ihre Produkte gut genug sind, hat sie nicht nur rein produkttechnisch kein Problem damit, sondern profitiert obendrein vom Stellenwert des »eigenen Produktes« oder des »einheimischen Produktes«. Aber das Wirtschaftsgefüge im Deutschen Reich war Mitte der 20er Jahre nicht gesund. Es war schwer krank. Das lag am 1918 verlorenen Ersten Weltkrieg.

Die deutsche Automobilindustrie war bis zum Kriegsausbruch 1914 (mehr oder weniger) auf der Höhe der Zeit gewesen. Während des Krieges musste die Industrie Kriegsgüter herstellen, somit keine Automobile, und deren Weiterentwicklung stockte deshalb. Nach dem Krieg war die deutsche Automobilindustrie also allenfalls in der Lage, kaum bis leicht modifizierte Vorkriegsmodelle erneut anzubieten, während in anderen Nationen, vor allem in den USA, die damals rasante Entwicklung des relativ neuen Fortbewegungsmittels Automobil fortgeschritten war. Das war der erste, systemrelevante Standortnachteil der deutschen Autoindustrie. Der zweite war, dass durch den verlorenen Krieg ganz wesentliche Exportmärkte wegbrachen. Und der dritte lag im politischen Gefüge. Die Kriegssieger, allen voran Frankreich, verlangten vom Deutschen Reich absurd hohe Reparationsleistungen, die volkswirtschaftlich nicht machbar waren. Also wurde Geld gedruckt, um es den Siegern geben zu können, was die Inflation irrwitzig nach oben trieb. Dadurch war nahezu keine Kaufkraft mehr gegeben. Da Autos ohnehin ein Luxusgut waren und man am Luxus spart, wenn man schon fürs Alltägliche nicht genügend Geld hat, kauften die Deutschen in der Zeit der Hyperinflation keine Autos. Wer doch eines bestellte, tat dies mittels Kaufvertrag, in dem der Preis vermerkt war. Zwischen Bestellung und Auslieferung stieg die Geldentwertung so rapide an, dass der an den Preis gebundene Autohersteller nicht nur nichts verdiente, sondern teilweise an jedem ausgelieferten Automobil draufzahlte. Die Wirtschaft war ein Scherbenhaufen, der Staat bankrott, das Bankensystem kollabierte. 1923 explodierte die Inflation, das Geld wurde nicht mehr täglich, sondern stündlich weniger wert. Beispiel: Ein Ei kostete am 9. Juni 1923 800 Mark und am 2. Dezember 1923 320 Milliarden Mark (und für einen US-Dollar waren 4,2 Billionen Mark zu zahlen). Geld wurde so schnell gedruckt, dass die Reichsbank darauf verzichtete, die Banknoten beidseitig zu bedrucken. Jeder Deutsche war Milliardär und konnte sich für seine Milliarden nichts kaufen. Wer allerdings Schulden hatte, war sie mit einem Fingerschnippen los. Eine irrwitzige Zeit!

Stabile Verhältnisse – und ein Montagewerk in Berlin

Dann kam die Währungsumstellung Ende 1923, zunächst die Rentenmark, ab Oktober 1924 die Reichsmark. Es begann eine Zeit der Konsolidierung, die Währung stabilisierte sich, nicht zuletzt dank der Amerikaner, die mit dem Dawes-Plan eine Art Marshallplan für die Weimarer Republik entwickelten. Denn die Amerikaner wollten eine gesunde deutsche Wirtschaft, damit Deutschland ihnen die Kriegsschulden zurückzahlen konnte. Mitte der 20er Jahre war Deutschland also wieder zahlungsfähig, die Deutschen hatten nach elenden Krisenjahren etwas zu beißen und suchten Trost und Abwechslung – das ist das, was man die »Goldenen Zwanziger« nennt. Denn im Verlaufe des Jahres 1924 stabilisierten

Die Ursprünge von Ford in Deutschland: die gemieteten Montagehallen in Berlin-Plötzensee am Westhafen 1925.

Grundsteinlegung in Köln-Niehl am 2. Oktober 1930: Henry Ford persönlich betätigt sich als Maurer. Freimaurer war er immerhin.

sich die wirtschaftlichen und in der Folge auch die politischen Verhältnisse, aber erst 1928 erreichten die Reallöhne wieder das Vorkriegsniveau von 1913. Und 1929 kam die Weltwirtschaftskrise. Wer heute von den Neunzehnhundertzwanzigern schwärmt, kennt sie nicht.

Während dieser Zeit befand sich die Automobilindustrie in einer schweren Strukturkrise. Den während des Ersten Weltkriegs und der Zeit bis zum Ende der Hyperinflation erlittenen Stillstand glich die deutsche Automobilindustrie erst Anfang/Mitte der 30er Jahre aus. Importfahrzeuge waren nicht nur fortschrittlicher und moderner, sondern schlichtweg besser als deutsche Fabrikate. Deshalb drangen Importmarken in das Deutsche Reich, die Regierung konterte mit Protektionismus, zunächst Importverboten, dann Schutzzöllen. Diesen gordischen Knoten durchschlagen konnten die Ausländer, indem sie in Deutschland Montagebetriebe einrichteten. Sie importierten also keine kompletten Autos, sondern deren Einzelteile und schraubten sie in Deutschland zusammen. Die Wertschöpfung erfolgte also zu guten Teilen in Deutschland, zumal deutsche Zulieferer zum Zuge kamen, und, vor allem, deutsche Arbeiter fanden Lohn und Brot. Fast alle Amerikaner ließen sich im Deutschen Reich mit Montagebetrieben nieder, General Motors sogar mit mehreren Konzernmarken, auch André Citroën kam über den Rhein nach Köln-Poll. Und natürlich Henry Ford mit seinem T-Modell.

In England, Belgien und Dänemark unterhielt Henry Ford bereits europäische Montagewerke. Ende 1924 mietete Ford-Dänemark in Berlin ein Büro, mit fünf dänischen Mannen. Das war der Startschuss für Ford-Deutschland. Chef der kleinen Abordnung war der Kaufmann George Carlson, sein Stellvertreter mit Prokura hieß Erhard Vitger. Sie machten den Namen Ford bekannt, indem sie freie Autohändler motivierten, in Antwerpen oder Kopenhagen gebaute T-Modelle zu verkaufen. In großem Stile ging das aber erst, nachdem das Importverbot gelockert sein würde, Ford war also in Lauerstellung. Im Januar 1925 wurde die Ford Motor Company, Berlin gegründet, und zwar als deutsche Tochter der britischen Ford-Filiale.

Im Sommer 1925 trat eine Form der Normalität ein, denn der Einfuhrstopp ausländischer Autos wurde politisch beendet. Ford in Berlin betätigte sich als Importeur kompletter, im Ausland gefertigter T-Modelle und des Halbtonner-Lastwagens auf gleichem Fahrgestell. Die Wagen kamen aus Antwerpen und Kopenhagen, also belgische und dänische Ford-Autos. Dann trat die Prohibition in Form von Schutzzöllen ein, und das brachte das junge Importgeschäft zum Erliegen. Zollfrei blieben nur die Fordson-Traktoren, sie verhinderten die totale Pleite. Als erster reagierte General Motors mit einem Montagewerk im Hamburger Freihafen, montierte Bausätze und umging die Zollrestriktionen. Dann tat es Ford. Ford mietete Fabrikationsräumlichkeiten im Berliner Westhafen an, wohin Frachter die Einzelteile aus Kopenhagen und Antwerpen lieferten, ein Fließband wurde eingerichtet, und ab 1. April 1926 wurden die ersten T-Modelle in Berlin zusammengeschraubt, lackiert und mit Polstern versehen. Bald kamen die Einzelteile direkt aus Dearborn, die Montagequalität war gut, das Auto technisch damals schon veraltet, aber ungemein preisgünstig und zuverlässig. Ford produzierte damals ein Billig-Auto, mit all den Vor- und Nachteilen eines Billig-Autos. Zunehmend wurde der deutsche Anteil an den Wagen größer, Ford griff auf deutsche Zulieferer zurück, was dem Image in Deutschland gut tat und die Gewinnmarge steigen ließ, denn in Deutschland zugekaufte Teile mussten schließlich nicht verzollt werden. 1926 montierte Ford in Berlin 2677 T-Modelle und importierte nochmals so viele, weil die Nachfrage groß war. Im Mai 1927 lief in den USA und somit in allen anderen Werken die Produktion des Ford Model T aus. In Berlin wurde noch ein Vierteljahr aus Vorratsteilen montiert (im Deutschen Reich insgesamt 3771 T-Modelle aus Berliner Produktion und 5753 importierte Fahrzeuge). Dann kam Leerlauf, der T-Modell-Nachfolger, das Ford Model A, war noch nicht produktionsbereit.

Das Model A 13/40 PS war ein technisch moderner Wagen mit 3,3-Liter-Vierzylindermotor, 40 PS stark, konventionelles Dreiganggetriebe, rückschrittlich waren allenfalls die Gestängebremsen. In den USA wurde der Wagen im Dezember 1927 eingeführt, ein absoluter Hype setzte ein, bis zu vier Jahre Lieferfrist. Absoluter Clou am Modell A, auch bei den deutschen Fahrzeugen: Das Lenkrad war rot. Berlin importierte im Januar 1928 ein paar amerikanische Exemplare, um Präsenz zu zeigen, ab August 1928 wurde der Ford A in Berlin montiert, auch als Typ AF 8/28 PS Europamodell, mit Hubraumreduzierung auf 2 Liter, der Kfz-Steuer wegen. Die Hubraumsteuer machte vor allem den großvolumigen US-Cars, die in Deutschland gebaut wurden, das Leben schwer. Wieder war es General Motors, der als erster reagierte: GM kaufte 1928 Opel und hatte damit ein echtes, deutsches Standbein mit einer sehr gut etablierten Marke. Denn GM ahnte, dass sich in Europa wegen der Hubraumsteuer künftig kaum mehr großvolumige US-Fahrzeuge verkaufen ließen.

Ford kaufte keinen deutschen Automobilhersteller, sondern gründete statt des Montagebetriebs eine richtige Fabrik, in der Automobile hergestellt werden. Ford-USA kaufte die US-Tochtergesellschaft der IG Farben, ein großer deutscher Chemiefirmen-Verbund, und im Gegenzug beteiligte sich die deutsche IG Farben mit 35 % an der deutschen Ford-Gesellschaft. 60 % gehörten Ford-England, die restlichen 5 % einigen deutschen Zulieferern. Das waren Verflechtungen, die in Deutschland

Das Original von Ford, der Klassiker, die Tin Lizzy, hier als offener Runabout, laut Fotorückseitenbeschriftung 1928 bei Rostock fotografiert.

kontrovers diskutiert wurde, eben amerikanische Geschäftsmethoden. Jedenfalls war Ford-Deutschland auf diese Weise reif für den Aktienmarkt, was das Geld einbrachte, das für den Bau einer Autofabrik nötig war. Künftig durfte Ford-Deutschland englische Ford-Fahrzeuge in Lizenz bauen und schloss einen Vertrag mit der jungen Firma Ambi-Budd in Berlin-Johannisthal. Sie, eine Tochtergesellschaft amerikanischer Eltern, hatte das Patent auf die Ganzstahlkarosserie inne. Als Standort für die neue Fabrik sowie die Hauptverwaltung entschied sich Ford für Köln, des Rheins und der Nähe zum Ruhrgebiet wegen. 1930, in der Hochphase der Weltwirtschaftskrise und Arbeitslosigkeit, zog Ford innerhalb von nur sechs Monaten eine komplette Fabrik in die Höhe und richtete die Fließbandproduktion nach amerikanischem Muster ein.

Die bisherige Berliner Fabrik hatte sich auf die Ersatzteilfertigung zu konzentrieren. Denn am 4. Mai 1932 startete die Produktion bei Ford-Köln in Niehl (Ende der Berliner Montage bereits im April 1931), und die Konzernleitung gab sich große Mühe, Ford als deutsches Fabrikat zu positionieren. Doch der Anfang war schwierig und stand unter keinem guten Stern: 1931 gingen einige deutsche Banken bankrott, der Staat sperrte deshalb sämtliche Bankguthaben, die Deutschen konnten nichts mehr kaufen, auch keinen Ford. Köln stellte die Produktion ein und entließ zwei Drittel der Mitarbeiter. Es begann die Zeit der Massenarbeitslosigkeit in Deutschland, die letztlich, neben anderen Aspekten, zur Machtübernahme der Nationalsozialisten führte.

Im April 1932 folgte das Ford Modell B, erneut eine US-Konstruktion, die in Deutschland montiert wurde und über einen gewissen Teil selbst gefertigter Teile verfügte. Komplett neu: Motoraufhängung und Getriebe, Tank hinten statt im Motorraum, Lenkradschloss, nach wie vor veraltete Querblattfederung, ein Ford-Charakteristikum, erstmals mit Ganzstahlkarosserie von Ambi-Budd. Weiterhin der vierzylindrige 3,3 Liter, nun 50 statt 28 PS in der Europaversion BF. In den USA hatte Ford das Problem, dass der Chevrolet mit seinen sechs Zylindern dem vierzylindrigen Ford A zu sehr auf die Pelle gerückt war. Deshalb wurde dort ein komplett neuer V-Achtzylinder konstruiert, und zwar aus zwei Vierzylinderblöcken, 3,6 Liter mit 65 PS, der Ford V8, präsentiert im März 1932 als Luxusversion des Model B. Dearborn ordnete an, dass diese V8-Version auch im krisengeschüttelten und arbeitslosen Deutschen Reich anzubieten sei. So hatte Ford-Köln fortan zwei Pkw-Modelle im Angebot – darunter den preiswertesten deutschen Achtzylinder. Denn der V8 war repräsentativ und wurde gelobt. Gekauft wurde aber, wenn überhaupt ein Auto gekauft wurde, das vierzylindrige Modell BF.

Nun war das legendäre Model T, die Tin Lizzy, ja ein Auto für jedermann, eine Art Volks-Wagen im wahrsten Sinne des Wortes, und machte die USA und so manch anderes Land der Erde mobil. Nach wie vor symbolisierte die Tin Lizzy die eigentliche Erwartung an die Marke Ford. Obendrein kam die Idee des Volks-Wagens, also das Auto für die Volksmotorisierung, in den 30er Jahren wieder aufs Tapet – nicht zuletzt durch die Ideologie der Nationalsozialisten, die, im automobilen Bereich, im KdF-Wagen alias Volkswagen Käfer gipfeln sollte. Ford wusste um den Anspruch an die eigene Marke. Gleichsam wusste Ford, dass die Marke Ford im Deutschen Reich unter besonderer Beobachtung stand, eben wegen des Vorwurfs, wegen zu vieler importierter Teile eben doch kein deutsches Auto zu sein (zumindest kein »rein deutsches«) und dass die Gewinne, die Köln-Niehl erwirtschaftete, letztlich in die USA flossen (letzterer Vorwurf traf auch auf Opel zu, ersterer nicht).

»Deutsche« Autos, deutsche Namen

So machte sich Ford daran, die Kölner Fahrzeuge noch deutscher erscheinen zu lassen und erneut eine Art Volks-Wagen ins Programm zu nehmen. Das war die erste englische Eigenkonstruktion, der Ford Y mit 921 cm^3 und 21 PS, ein 2,50 Meter langer Kleiner, der in Köln als Ford Köln 4/21 PS teutonisiert wurde. Im Laufe der Zeit wurde aus dem Vier- ein Zweitürer mit Kofferraum. Importbeginn englischer Wagen im Juli 1932, Produktionsbeginn des Ford Köln aus englischen Importteilen im Januar 1933, aus deutschen Teilen im Mai. Als »Volkstyp« mit absolut abgemagerter Ausstattung und mit Kunstleder bezogener Holzkarosserie konkurrierte er für 1990 Reichsmark mit dem DKW und dem Opel 1,2 Liter. Für mehr Geld gab es komplett ausgestattete Modelle, Tudor, Fordor und Lieferwagen mit Ganzstahlaufbau (Werkskarosserien), Karosseriebauer lieferten Cabriolets nach hiesigem Geschmack. Die Technik war einfach und konventionell, immer noch die Ford-typischen Querblattfedern. Produktion bis Juli 1936. Der kleine Ford Köln war ein stabiler und unambitionierter Wagen, der sich teils bis in die frühen 50er Jahre im Straßenbild hielt.

Nach der Machtübernahme im Januar 1933 durch die Nationalsozialisten benötigte Ford deutsche Typbezeichnungen, und dem Ford Köln folgte sogleich der Ford Rheinland. Das war der intern Typ 40 genannte Nachfolger des Modells BF und V8 für 1933, also weiterhin der bewährte 50-PS-Vierzylinder (Rheinland/4) und der um 10 auf 75 PS erstarkte V8 (Rheinland/8) mit neuer Karosserie: herzförmiger Kühlergrill, lange Motorhaube, geschwungene Vorderstoßstange, weiterhin Ganzstahlkarosserie, also ein optisch sehr moderner Wagen. Im Folgejahr 1934 nur Detailverbesserungen, der Rheinland erhielt geschürzte Vorderkotflügel. Nun war Ford ein Vollsortimenter: Zwei- und Viertürer, Cabriolimousine, Cabriolet zwei Fenster (Gläser) und vier Fenster (Drauz), Lieferwagen, der große Rheinland als zweitüriger Tudor und viertüriger Fordor, vier- oder achtzylindrig, offene Versionen von externen Zulieferern, dazu der BB-Lastwagen.

Zunehmend gab es in Köln eigene Entwicklungen, zunächst nur Details, geleitet vom Technischen Büro unter Chefingenieur Thalberg und seinem Stellvertreter Richard Bussien. Thalberg kam, ebenso wie Erhard Vitger, aus Dänemark. Überhaupt überwog in der deutschen Ford-Zentrale im Management die Nationalität Dänemark – Auswirkungen dessen, dass Ford-Deutschland ursprünglich eine Filiale von Ford-Kopenhagen war. Die dänische Dominanz sollte sich bis in die 50er Jahre halten. Und die fremdländischen Eigentumsverhältnisse auch: Nach Ausstieg der IG Farben gehörte die Kölner Fabrik ungefähr je zur Hälfte Ford-USA und Ford-England.

Im Zuge der Forderung Hitlers, die deutsche Automobilindustrie solle einen Volks-Wagen bauen, suchte Köln erneut sein Heil in der teutonisierten Version eines kleinen englischen Ford, des dortigen Typs 20 C, aus dem die Kölner Technikabteilung den Eifel kreierte. Die Karosserien für die Cabriolimousine und das Cabriolet kamen von Drauz, den Aufbau des geschlossenen Zweitürers lieferte Ambi-Budd zu. Stapellauf des Erstlings im Mai 1935, ein 1157-cm^3-Wagen mit 34 PS.

Fließbandfertigung in den ersten Niehler Jahren. Zwar Fließbandfertigung, aber dennoch hauptsächlich Montage. Die zu verbauenden Teile, die am Ende ein Auto ergeben, waren importiert und nicht in Köln gefertigt.

Dieser Wagen gehörte einem Hundertprozentigen: Ford Modell A Tudor Deluxe, Baujahr 1930 bis 1932. Die Aufnahme stammt von 1933, und damals wurde niemand gezwungen, seinen Wagen mit einem Hakenkreuz zu bewimpeln. Wer es tat, tat es freiwillig.

Vierzylindriger Ford BF 8/40 PS Tudor (Juni 1932 bis Februar 1934). Ein hübsches Accessoire ist der Planenschutz des Reserverades mit Ford-Pflaume, ebenso deutlich die Kofferbrücke am Heck. Damalige Fahrzeuge hatten keinen Kofferraum. Auf dem Werbefoto dient er nur als Zugfahrzeug, Hauptdarsteller ist der Einachsanhänger des Karosseriewerks Kässbohrer in Ulm.

Ford Köln 1932/33 mit dem so genannten Migö-Koffer. Das ist ein vom Karosseriebauer Christian Mittelgöker aus Köln-Ehrenfeld angepflanzter, von außen zugänglicher Kofferraum, ein werksseitig erhältliches Extra und ein unschätzbarer Vorteil zu Zeiten, als die meisten Autos gar keinen verschlossenen Kofferraum hatten. Mittelgöker war bis 1926 Betriebsleiter bei Deutsch gewesen und machte sich danach selbständig.

»Ford-Volkswagen« hört sich heute merkwürdig an. Doch damals war »Volkswagen« ein Attribut, keine Markenbezeichnung. Deckblatt des Ford-Köln-Prospektes vom März 1934. Die »Volkstyp«-Version des Ford Köln war besonders karg ausgestattet und trug nicht mal Stoßstangen und Trittbretter. Dafür war sie mit 1990 Reichsmark äußerst billig.

vagen

d"

RM·1990.-
ab Werk

ungspreis, **geringe Betriebskosten,** Anspruchs-
ege, hohe Geschwindigkeit und ausgezeichnete Fahr-
lie überragenden Vorzüge dieses preiswerten Volkswagens.

Fords Volkswagen heißt Eifel

Die ersten Eifel waren unverkennbar britisch, außer, dass es dort keine Zweitürerversion gab. Das änderte sich 1936, der Eifel emanzipierte sich optisch vom englischen Ford 10 HP und bekam mehr Mumm. Zuvor das unveränderte Köln-Aggregat mit 921 cm³ und 21 PS, nunmehr 1157 cm³ und 34 PS, somit immerhin gut für Tempo 100. Optisch näherte sich der Eifel dem V8 an und bekam dessen zugepfeilte Kühlergrillgestaltung, was sehr schnittig aussah, und die geänderte Dachform brachte mehr Kopffreiheit, hinten ein brauchbarer Kofferraum und Scheiben- statt der Speichenfelgen. Das Publikum mochte den Ford Eifel, zumindest sofern es sich um Menschen handelte, für die das Fahren der Ausdruck eines zuvor nicht da gewesenen Wohlstands war, also für die wirtschaftlichen Aufsteiger in der Hochphase des »Dritten Reiches«. Bis 1939, als der »Buckel-Taunus« kam, wurden 61.496 Ford Eifel gebaut und auch sie waren im Nachkriegsdeutschland noch ein gewohntes Bild im Straßenverkehr.

1935, als der Eifel zum neuen Star des Ford-Programms aufstieg, emanzipierte sich auch der V8, wiewohl der V8 Typ 48, eins zu eins aus Dearborn übernommen worden war. Doch der 90 PS starke Motor entstand in eigener Regie in Köln – wie überhaupt der Anteil ausländischer Teile an der Ford-Fertigung 1935 auf knapp 5 Prozent reduziert wurde. Auch die Ford-Führungsriege musste deutscher werden. Generaldirektor Edmund C. Heine, mit einer Amerikanerin verheiratet, musste gehen, Erich Diestel trat an seine Stelle, Erhard Vitger wurde Finanzchef. Prompt durften alle Ford-Wagen ab Anfang 1936 das Prädikat »Deutsches Erzeugnis« als Plakette im Kühlergrill tragen. Spätestens jetzt war aus der ehemaligen Montagefabrik ein richtiges Autowerk geworden.

1936 brachte Ford-USA seinen Lincoln Zephyr in Stromlinienform, damals avantgardistisch, und es war absehbar, dass künftige Ford dieser Mode huldigen würden. Das war auch für Deutschland interessant, denn Autobahnen wurden gebaut und daraus resultierte die Forderung, dass Autos »autobahnfest« zu sein hätten. Das heißt, dass ihre Höchst-

Der erste Eifel, die Version 1935 bis 1937, als Lieferwagen mit Karosserie von Papler in Köln-Merheim, noch mit Drahtspeichenrädern.

Rheinland mit Schäferhund: Nachkriegsaufnahme eines Ford Rheinland/4 von 1934 bis 1936 (denn er trägt kein »V8«-Emblem auf den Radkappen) als Zweitürerlimousine. Beschriftung auf der Fotorückseite: »Unser Ford Rheinland, über den Krieg gerettet«.

Ford Rheinland/8 (Typ 40/8) von 1935 als Zweitürer mit neuer, halb selbsttragender Ganzstahlkarosserie von Ambi-Budd. Ein Feldweg machte damaligen Wagen nichts aus. Die Bodenfreiheit eines normalen Pkw von damals erreicht heute allenfalls ein veritabler Geländewagen.

gleichzeitig auch ihre Dauergeschwindigkeit sein sollte. Für Köln bedeutete die Übernahme der »Stromform«, dass künftig nicht mehr englische Karosserien teutonisiert wurden, sondern das Karosseriedesign direkt aus Dearborn kommen und im Kölner Technischen Büro dem deutschen Geschmack angepasst werden sollte. So trug der V8 von 1937 weitgehend die Linienführung des 1936er Lincoln Zephyr, aber nach wie vor frei stehende Scheinwerfer und, erstmals in der Ford-Deutschland-Geschichte, gepresste Stahlfelgen. Als besonders elegant empfunden wurde die Spezial-Version des V8 mit Fließheck (in den USA: »Fleetline«), ab 1937 zusätzlich, ab 1938 ausschließlich im Programm. Rundum gute Fahrzeuge, befanden Autotester, aber nach wie vor mit einem veralteten Fahrwerk aus Starrachsen und Querblattfedern. Mit Fahrwerkskritik musste Ford bis zu Beginn der 70er Jahre leben... Dennoch verkaufte sich der V8 ausgezeichnet, er entsprach vollkommen dem deutschen Geschmack. Die Limousinen-Karosserien kamen von Ambi-Budd, Zweitürer-Cabriolets mit zwei Sitzen und zwei Seitenscheiben von Drauz, mit vier Sitzen und Seitenscheiben von Deutsch, das viertürige Cabriolet von Gläser aus Dresden.

Die überarbeitete und dem deutschen Markt angepasste Version des Ford Eifel von 1937 bis 1939. Aufnahme in früher Nachkriegszeit, zugelassen ist der Eifel in Berlin, »KB« steht für »Kommandantur Berlin«. Das galt ab Juli 1947 in ganz Berlin, nach November 1948 nur noch in den Westberliner Sektoren. Erst 1956 ersetzte das »B« für »Berlin« die alten KB-Kennzeichen.

Ford Eifel Roadster mit Deutsch-Karosserie, Jahrgang 1938/39, in hübscher und schicker Zweifarbenlackierung. Die Türen mit konventionell geformter Oberkante ...

... während das Karosseriewerk Ihle in Bruchsal seinem Eifel Roadster desselben Jahrgangs tief herabgezogene Türausschnitte gönnte. Das sah weniger elegant, dafür aber deutlich sportlicher aus. Ihle orientierte sich stilistisch an Renn- und Sportwagen. Nach dem Krieg baute Ihle Karussellfahrzeuge und Autoscooter für Schausteller und brachte es auf diesem Sektor zum Weltmarktführer.

In seiner Endversion mit dem spitz zulaufenden und stromlinienförmigen Kühlergrill war ein Ford Eifel Roadster auch nach dem Krieg noch ein attraktives und erstrebenswertes Fahrzeug. Dieser überlebte lange, sogar die Kennzeichenumstellung 1956 brachte er noch hinter sich. Das Foto wurde 1957 aufgenommen.

Am Vorabend des Kriegs bestand das Programm lediglich noch aus den Typen Eifel und V8 (diese jedoch in unzähligen Karosserie- und Ausstattungsvarianten) sowie den Lastwagen BB als Vier- oder Achtzylinder. 1939 bot Köln dann noch werksseitig den verlängerten V8 Pullman an, dessen Chassis die Wuppertaler Firma Clerk um 30 cm streckte, eingekleidet wurde der Pullman vom ebendort beheimateten Karosseriebauer Hebmüller. Im gleichen Jahr schuf Vitger das neue Firmenzeichen, ein Wappen, das die Fabrik und einen Schlot vor den Türmen des Kölner Doms zeigte. Die blaue, ovale Ford-Pflaume war fortan den US-Ford reserviert; jede Auslandsfiliale benötigte ein eigenes Firmenzeichen. Und obendrein wurden aus der Ford Motor Company Köln-Niehl fortan die Ford-Werke AG Köln. Und dann noch die Personalien, die bis in die Nachkriegszeit Bestand haben sollten: Robert-Hans Schmidt wurde Generaldirektor, Erhard Vitger sein Stellvertreter, neuer Chefingenieur war Alfons Streit, der von Gräf & Stift aus Wien kam.

Eindrucksvolles Ford V8 Cabriolet, Modell 1937 bis 1939, als zweitüriges Cabriolet mit Deutsch-Karosserie. Aufnahme 1942, der Wagen trägt Tarnscheinwerfer und eine matte Lackierung. Er dürfte den Krieg wohl kaum überlebt haben.

Er schon. Er hat den Krieg überlebt. Während im Westen die Vorkriegsautos spätestens mit dem beginnenden Wirtschaftswunder Anfang der 50er Jahre ausstarben, hielten sie sich in der DDR wesentlich länger. Aber ein Vorkriegswagen im Jahre 1978 im Umfeld der Leipziger Frühjahrsmesse war schon eine gewaltige Ausnahme. Kein gehegter Veteran, sondern ein Alltagsauto, das sogar einen Anhänger ziehen muss. Das ist ein unverwüstlicher Ford V8 mit Cabriolet-Aufbau von Deutsch in seiner endgültigen Version von 1937 bis 1939. Ursprünglich hatte er freistehende Scheinwerfer gehabt, irgendwann wurden sie gegen die Lichter eines moderneren Wagens getauscht. Blinker bekam er spendiert, die vordere Stoßstange stimmt nicht, die Rücklichter stammen vom Wartburg. An diesem Wagen ist nahezu nichts mehr original, und unbekannt ist, was unter seiner Motorhaube sitzt. Wahrscheinlich aber nicht mehr der 3,6-Liter-Achtzylinder mit 90 PS, mit dem der Ford auf die Welt gekommen war. Dennoch sieht der Wagen halbwegs gepflegt aus und er war eine kleine Sensation auf der Straße.

Eine Karosseriebauerangelegenheit, konventionell gelöst, wobei die hinteren Seitenscheiben für damalige Verhältnisse ungewöhnlich sind. Dieser V8 Lieferwagen, Version 1937/38, war für den Ford-Händler Franz Sutter aus dem kleinen Ort Petronell-Carnuntum in Niederösterreich als Servicefahrzeug unterwegs. Dort dürfte auch der Aufbau entstanden sein.

Das gleiche Thema, völlig andere Interpretation: Die Vereinigten Werkstätten für Karosseriebau in München kleideten diesen Ford V8 der gleichen Baureihe ein, führten aber das aerodynamische Thema auch im hinteren Bereich fort. Natürlich verliert der Lieferwagen dadurch Transportkapazitäten, aber er gewinnt deutlich an Eleganz.

Auf eigene Kosten ließ sich der Rennfahrer Gerhard Macher 1938 von der Reichsfachschule für Karosseriebau zwei Alukarosserien für den Ford V8 anfertigen, ein Coupé und einen Roadster. Er plante, sich damit an der Fernfahrt Berlin-Rom im September 1939 zu beteiligen. Aber sie fand nie statt. Macher setzte die Wagen deshalb bei mehreren Alpenfahrten ein.

Der Taunus als neue Mitte

Das Zweimodelle-Portfolio im Pkw-Bereich war zu gegensätzlich: der kleine Eifel und der große Achtzylinder. Es fehlte ein Zwischentyp für Aufsteiger vom 1,2-Liter-Eifel, die fast nie den Sprung zum 3,6-Liter-V8 schafften. Dadurch verlor Ford Kunden an die Konkurrenz, die Mittelklassetypen zu bieten hatte, was einen mittelgroßen Wagen erforderlich machte: Daher entstand der Taunus, der idealerweise das Segment der 1,5- bis 2-Liter-Klasse hätte bedienen sollen. Letztlich tat er das nicht, der Idealfall trat nicht ein. Aber er war dafür vorgesehen.

In Köln wurde ein Wagen konstruiert und gezeichnet, der in Dearborn nicht abgesegnet wurde. Die Amerikaner sandten einen Gegenentwurf mit in die Kotflügel integrierten Scheinwerfern und aerodynamisch buckligem Heck. Das akzeptierte Köln, und zähneknirschend musste Ford-England mit ansehen, dass in Deutschland nun ein Wagen gebaut werden sollte, der kein englisches Pendant aufweisen konnte. Das war der Beginn der Emanzipation der Kölner von Ford-England. Bei Ambi-Budd wurden die Karosseriewerkzeuge angefertigt, und die deutschen Techniker konstruierten das Ganze halbselbsttragend, also mit Plattformrahmen, auf den die Karosserie nicht geschraubt, sondern geschweißt wurde. Zudem sollte der Taunus der erste europäische Ford mit vorderer Sitzbank werden. Den Schritt weg von der vorderen Starrachse wagte Ford allerdings nicht, obgleich Einzelradaufhängung vorne damals in Europa längst Standard war. Unter dieser Eigentümlichkeit und Altertümlichkeit sollte der im Nachhinein als »Buckel-Taunus« bezeichnete Wagen bis zuletzt, 1952, leiden. Zunächst sollte der Taunus mit dem 1,2-Liter-Eifel-Motor erscheinen, danach 1940 mit einer auf 1,5 Liter aufgebohrten Variante, geplant waren sukzessive größere Maschinen, die neu zu konstruieren gewesen wären.

Doch die Kriegsrüstung und die von den Nationalsozialisten eingeleitete Straffung der deutschen Fahrzeugproduktion, der Schell-Plan, verzögerte die Lancierung des Taunus bis in den Sommer 1939.

Längerer Radstand, breitere Spur, Hydraulikbremsen und eine hochmoderne Karosserieform unterschieden den Taunus hauptsächlich von seinem Vorgänger Eifel. Im Taunus steckte viel Potenzial, er gehörte zu den modernsten Personenwagen seiner Zeit, sieht man einmal vom Fahrwerk ab. Der Krieg vereitelte seine Karriere. Im Mai 1939 erschien er, im September wurde Benzin rationiert, alle Viersitzer-Cabriolets und sämtliche Reifenbestände wurden von der Wehrmacht requiriert. Der Herbst 1939 war der Beginn des Krieges und der Beginn

Einer von 7092 Exemplaren des Buckel-Taunus, die zwischen Mai 1939 und Februar 1942 gebaut wurden. Äußerlich ist es nur der »Ford Taunus«-Schriftzug vorne links, der ihn als Vorkriegsversion identifiziert.

jener Zeit, in der an eine normale Personenwagenproduktion nicht mehr zu denken war. 1939 baute Ford 4008 Taunus, 1940 waren es 2942, 1941 nur noch 100 und in den ersten beiden Monaten 1942 kamen die letzten 42 hinzu, also insgesamt 7092 Exemplare. Des »Buckel-Taunus« Hochphase sollte erst nach dem Krieg beginnen: Zwischen November 1948 und Herbst 1952 wurden 76.590 Fahrzeuge gebaut.

Die Taunus-Produktion wurde kriegsbedingt reduziert, den V8-Motor baute Ford für Last- und Geländewagen. Das Werk war nun ausgelastet mit dem Bau des BB-Lastwagens und dem militärischen Einheits-Pkw, einer Konstruktion des Heereswaffenamtes, die von unterschiedlichen deutschen Firmen gebaut wurde. Dazu kam: Das Heeresgeschäft war lukrativ. Die Konstruktion wurde vom Heereswaffenamt frei Haus geliefert, die Herstellungskosten zahlte der Staat, Absatzsorgen gab es nicht und die Militäraufträge garantierten in Zeiten miserabler Rohstoffversorgung Materialzuweisungen, was schlichtweg die Produktion aufrecht erhielt und die Arbeiter in der Heimat unentbehrlich machte. Wer an der Kriegsgüterproduktion beteiligt war, musste nicht ins Feld ziehen. Also kein Grund zum Jammern. In den von Deutschland besetzten Nationen mit Ford-Fabriken (Frankreich, Dänemark, Belgien, Niederlande) fielen diese in deutsche Hände und wurden von Ford-Köln aus treuhänderisch betreut. Dort wurden Lastwagen für die Wehrmacht gebaut.

Während des Krieges wurde nur noch das Lastwagenprogramm gepflegt, und was die Bomber verschonten – tatsächlich blieb die Fabrik in Köln-Niehl weitgehend unversehrt, im Gegensatz zu den Häusern und Wohnungen der Arbeiter – zerstörte im März und April 1945 die Deutsche Artillerie: Fünf Wochen lang lag das Ford-Werk direkt im Gefechtsfeld. Die Deutschen kamen Hitlers Befehl »Tilly« nach und zerstörten alles, was dem Feind hätte nutzen können.

Deckblatt des ersten Taunus-Prospektes von 1939, das Kennzeichen trägt die Jahreszahl. Genau den gleichen Prospekt gab Ford nach dem Krieg erneut heraus, und irgendwer musste auf jedem Titelblatt die Jahreszahl 1939 überkleben, sodass »Modell 1948« zu lesen ist.

Der Schwere Einheits-Pkw, bei Ford intern die Typen EGa, EGb und EGd, 1939/40 in Niehl gebaut, Karosserie von Ambi-Budd zugeliefert. Im Bild die frühe Ausführung von 1939 mit Allradlenkung und beidseitigem Reserverad in Wagenmitte, drehbar als Fahrzeugstütze. Der Schwere Einheits-Pkw wurde auch bei Horch in Zwickau gebaut.

Weltweit produzierte Ford den Typ BB, und während des Krieges standen sich teilweise identische Ford BB auf gegnerischer Seite gegenüber. Aufnahme eines 3-Tonner-Wehrmachts-Lastwagens 1937 (Ford V 3000 S) vor einem Vomag (Vogtländische Maschinenfabrik AG).

ADAC
AW 84-4449

KAPITEL 2

Auferstanden aus Ruinen: Das zweite Leben des Buckel-Taunus

Bei Kriegsende war die Fabrik ziemlich ruiniert, und als ranghöchster Mitarbeiter war Chefingenieur Richard Bussien der Ansprechpartner für die siegreichen Amerikaner. Extern agierten Erhard Vitger, der stellvertretende Generaldirektor, und der frühere Exportchef Max Ueber, die nicht mehr im Werk beschäftigt waren, und bemühten sich um gute Beziehungen zu den neuen Herren. Noch hatten die Amerikaner nicht entschieden, was mit dem Werk geschehen sollte. Immerhin heuerten sie Ueber auf Honorarbasis als freien Mitarbeiter an, der zunächst für die Fabrik voll verantwortlich war.

Ab Juni 1945 waren nicht mehr die Amerikaner die Besatzungsmacht, sondern die Briten. Die englische Ford-Filiale entsandte John Lonestale, er sollte beratend bei den Aufbauarbeiten mithelfen, in seinem Geleit George McDonald als Produktionsfachmann. Ford-England in Dagenham war mit 40 Prozent am Kölner Aktienkapital beteiligt und hatte großes Interesse an der Fortführung der deutschen Geschäfte. Die beiden Briten, ihrerseits keine Soldaten, waren das hilfreiche Bindeglied zwischen der Besatzungsmacht und dem Werk, das immerhin nicht gesprengt wurde. Die Militärs sahen im Werk ihr Eigentum, Lonestale und McDonald verteidigten es dagegen und pochten auf den Besitzanspruch des Ford-Konzerns. Ford-Arbeiter wurden wieder zusammengesucht, um aufzuräumen, andere mussten Militär-Jeeps der Besatzer reparieren. Das Ziel war, in Köln wieder Autos zu bauen. Dazu mussten die Kriegsschäden zumindest provisorisch repariert und die ausgelagerten Maschinen wieder ins Werk gebracht werden. Die erste Zeit begann mit der Teilesuche, bei Händlern, bei Zulieferern. Das organisierte Bussien, während Ueber eine Transportabteilung aufbaute, Vitger kümmerte sich um die Bergung eines mit Ersatzteilen beladenen, bewusst im Rhein versenkten Schiffes. Noch im Mai 1945 erhielt Köln die Erlaubnis, wieder Lastwagen bauen zu dürfen. An eine Personenwagenfabrikation war anfangs nicht zu denken, denn die Karosseriepressen für den Taunus, den Eifel und den Ford V8 lagerten bei der Firma Ambi-Budd in Berlin-Johannisthal, nun in der sowjetischen Zone gelegen.

Die Amerikaner hatten, als sie im Juni 1944 in den europäischen Krieg eingriffen, nicht nur Kriegsgerät und Jeeps im Gepäck, sondern auch sehr viele Personenwagen des Baujahrs 1941/42. Nach Kriegsende waren sie verbraucht, verschlissen, verbeult, verkommen. Aber sie wurden weiterhin benötigt und deshalb generalüberholt – und zwar in besetzten deutschen Autofabriken, markenübergreifend. Die Amerikaner bezahlten sogar für die Arbeit. Aber dieses Geld holten sie sich vom deutschen Staat im Rahmen der Besatzungskosten wieder. Also zahlten sie quasi nicht. Fotos aus dem Daimler-Benz-Werk Untertürkheim: Eine Reihe viertüriger Ford Sedan wird unterbrochen durch ein Daimler-Eigengewächs, eine ebenfalls generalüberholte Mercedes 320 W 142/IV Pullman-Limousine, Baujahr 1938 bis 1942.

Am 13. Mai 1949 verließ der letzte US-Ford das Reparaturfließband bei Daimler-Benz. Grund für Girlanden, das Tragen der Ausgehuniform und für ein paar freundliche, bilaterale Worte. Bei Ford liefen die Reparaturarbeiten früher aus, bevor die Taunus-Produktion im Oktober 1948 beginnen konnte.

Die Engländer stemmten sich gegen den von den Amerikanern zunächst favorisierten Morgenthau-Plan, wonach Deutschland ein Agrarstaat hätte werden sollen. Von Premierminister Winston Churchills Haltung profitierte Ford, denn die Agrarstaat-Lösung hätte für Ford-England den Komplettverzicht auf das Kölner Eigentum bedeutet. Zwar kamen nach Kriegsende immer mehr Arbeiter ins Werk zurück, aber im Zuge der Entnazifizierung mussten auch einige entlassen werden, darunter der einstige Generaldirektor Robert H. Schmidt. Die Produktion des Volkswagens in Wolfsburg, ebenfalls unter britischer Regie, sah man in Köln mit Missgunst, und so löcherte Vitger mit Hilfe der Dagenhamer Fachleute die britischen Militärs, doch der Wiederaufnahme der Taunus-Produktion zuzustimmen. Lange dauerten Vitgers Verhandlungen mit den Russen um die Freigabe der Taunus-Karosseriepressen. Er reiste nach Detroit zu Henry Ford II, klagte über Rohstoffmangel und -kontingentierung und prophezeite die Produktionseinstellung in Köln. Seine Gegenvorschläge stießen auf offene Ohren, auch was die mögliche Taunus-Fertigung betraf. Denn es gefiel Henry Ford II überhaupt nicht, dass die General-Motors-Tochter Opel die Produktion des Olympia bereits wieder aufgenommen hatte.

Dazu kam: Der bis dato favorisierte Morgenthau-Plan wich zugunsten des Marschallplanes. Von ihm profitierten alle europäischen Nationen, nicht nur Westdeutschland, das mit 1413 Millionen Dollar zwischen 1948 und 1952 ungefähr ein Zehntel der gesamten Fördersumme erhielt (13,12 Milliarden Dollar). Die Milliarden kurbelten die europäische Wirtschaft an, denn prosperierende Länder konnten ihre Schulden zurückzahlen. Der Marshallplan war auch ein Angebot an die Westeuropäer, das amerikanische System nicht nur politisch, sondern auch wirtschaftlich zu übernehmen. Gleichermaßen schafften es die Amerikaner, durch ihr Geld die europäische Wirtschaft zu vernetzen und in eine wechselseitige Abhängigkeit zu bringen, somit also die Macht einzelner Nationalstaaten zu reduzieren. Diese wechselseitige Abhängigkeit verhinderte künftige innereuropäische Kriege. Nach Inkrafttreten des Marshallplanes war es für Henry Ford II klar, an seiner deutschen Filiale festhalten zu wollen, und er stattete ihr im März 1948 einen Besuch ab. Aber Geld brachte er keines mit, nicht mal zu einer Bürgschaft war er bereit. Ford-Köln musste sich selber helfen.

Chefingenieur Richard Bussien hatte sich schon 1946 ans Werk gemacht, die Konstruktion des Vorkriegs-Taunus (seine Konstruktion!) zu optimieren. Auf der Hannovermesse im Mai 1948, einen Monat vor der Währungsreform, stand ein Taunus Typ G 93 A als Einzel- und Ausstellungsstück, kein Serienexemplar. Dabei handelte es sich um ein Vorkriegsfahrzeug, neu aufgearbeitet, komplett zerlegt und wieder zusammengebaut und dabei im Detail modifiziert. Der Motor ein Quäntchen weiter nach vorne verlegt, was der Gewichtsverteilung und dem Innenraum zugute kam, neuer Vergaser, verstärkte Achsen mit Querstabilisatoren, Schneckenrollen- statt Zahnstangenlenkung. Der Optik diente ein modifiziertes Armaturenbrett samt Zweispeichen-Lenkrad, und von außen war der »neue« Taunus nur durch ein winziges Merkmal zu identifizieren: Der »Taunus«-Schriftzug fand seine neue Heimat an der Seitenwand zwischen Kotflügel und Türe, zuvor lautete er »Ford Taunus« und war oberhalb des Kühlergrills platziert gewesen. Auch der seitengesteuerte Taunus-Motor (1172 cm³, 34 PS) war nicht gerade eine moderne Konstruktion, sondern eine Ausbaustufe des Eifel-Motors von 1935, und dieser basierte auf einer englischen Konstruktion. Der Motor war langlebig, zäh und ruhig, aber er drehte nicht gerne hoch. Trotz Stabilisatoren war die Seitenneigung in Kurven enorm, Sportlichkeit lag dem Taunus eher fern, dafür wurde sein Platzangebot gelobt, das jenes des Volkswagen deutlich übertraf.

Einen Monat später die Währungsreform. Ludwig Erhardt propagierte die D-Mark als Nachfolger des Bezugsscheinsystems. Jeder Westdeutsche bekam 40 D-Mark, weiteres Geldvermögen wurde im Verhältnis 1 zu 10 abgewertet und von Reichsmark in D-Mark umgetauscht. Die Warenregale in den Geschäften waren über Nacht voll, und die Deutschen aßen sich erst mal (und seit Jahren: erstmals) satt. Der Schwarzmarkt war beendet, außer Benzin war kaum mehr etwas knapp. Bei Ford lief das Fließband zuverlässig, Lastwagen gingen weg wie warme Semmeln, aber Ford konnte keinen Taunus anbieten, während Volkswagen und Opel munter verkauften. Um Rohstoffe gegen Devisen zu kaufen, begann Ford mit dem Export von Lastwagen.

Gegenüber dem Vorkriegs-Taunus, gebaut von 1939 bis 1942, erfuhr das 1948er Modell kleine Verbesserungen. Der Motor wurde etwas nach vorne verlegt und hatte einen neuen Vergaser, eine Schneckenrollen- ersetzte die Zahnstangenlenkung, die Achsen wurden verstärkt und erhielten Querstabilisatoren. Sichtbare Unterschiede waren das neu gestaltete Armaturenbrett und der »Taunus«-Schriftzug.

Endlich, im Sommer 1948, gaben die Sowjets die Karosseriepressen für den Taunus frei. Doch in Köln war kein Platz, der Lkw-Produktion wegen. So gab es ein Agreement zwischen Bussien und VW-Chef Nordhoff, wonach die Karosseriepressen zunächst in Wolfsburg deponiert wurden. Das ergab die kuriose Situation, dass die ersten Ford-Taunus-Nachkriegskarosserien nicht im Ford-Werk hergestellt wurden, sondern im Lohnauftrag von VW-Werkern. Auch Richard H. Schmidt, entlassener weil vorbelasteter ehemaliger Generaldirektor, wurde, weil unverzichtbar für die Taunus-Produktionstechnik, zumindest auf Honorarbasis wieder eingestellt. Im Oktober 1948 entstanden die ersten Nachkriegs-Taunus mit von VW zugelieferten Karosserien (bis Dezember 1948), zunächst in manueller Serienfertigung, und alle waren Nachtschattengrau lackiert. Gelobt wurde seitens der Fachpresse der wohnliche Innenraum, gerügt die starre Vorderachse, die auf konstruktivem Stand der 20er Jahre sei. Ansonsten war der Wagen ja seit 1939 sattsam bekannt und somit nichts Neues. Gleichzeitig wurde Ford-Köln wieder eine Aktiengesellschaft mit dem gebürtigen Dänen Erhard Vitger als Generaldirektor, zum Vorstand gehörten nun der Technische Direktor (also: Produktionschef) Robert H. Schmidt und als zweiter Däne Kay Meyer als Finanzchef. Dennoch hatte Dagenham, also Ford-England, eine Art Aufsichtsfunktion, und über allem thronte natürlich der US-Mutterkonzern.

Als ersten Verkaufsprospekt verteilte Ford den Vorkriegsprospekt mit Drucklegung Januar 1939, die Jahreszahl auf dem Deckblatt wurde von Hand mit einem Papieraufkleber »Modell 1948« überdeckt, im Inneren ein Einleger auf Butterbrotpapier mit Abbildung des neuen Armaturenbretts. Einen wirklich neuen Prospekt gab es erst im Oktober 1948, nach wie vor mit Schwarzweiß-Aufnahmen. Den Taunus gab es ab Werk nur in Einheitsausstattung; Vitger wollte aber das Programm ausweiten und ermunterte externe Karosseriespezialisten, Sonderkarosserien herzustellen. Im Gegenzug versprach er ihnen, diese über die Ford-Händlerorganisation zu vermarkten und somit für guten Absatz zu sorgen. Der Taunus eignete sich dazu besonders gut, basierte er doch nach alter Väter Sitte auf einem soliden Plattformrahmen, auf den sich allerlei Sonderkarosserien montieren ließen (wenngleich sie nicht, wie beim Volkswagen, darauf geschraubt, sondern geschweißt waren). Ford lieferte dazu teilkarossierte Fahrgestelle, also Plattformrahmen mit sämtlicher Technik, die Karosserie bestand lediglich aus Wagenfront mit Kotflügeln und Motorhaube sowie dem Blechpressteil, das die Windschutzscheibe umrahmt. Innen Armaturenbrett und Lenkrad, sonst nichts. Die Stoßstangen gehörten ebenfalls zum Lieferumfang der Teilkarosserie.

Direkter Vergleich: Die »Buckelform« war in den späten 30er Jahren hochmodern, nannte sich »Stromlinienform« und konnte hinten sowohl einen Kofferraum wie einen Motor beherbergen. Form und Dimension des Heckfensters sind beim Taunus '48 und bei diesem Käfer sehr ähnlich. Aber der Taunus trug dieses Fenster schon 1939, beim Käfer hielt die ovale Scheibe erst 1953 Einzug. Ford hingegen vergrößerte die Heckscheibe bereits im Mai 1950 anlässlich des Taunus Spezial, der Käferfahrer profitierte erst 1957 von einer vernünftig großen Rücksicht.

Vom Einheitsmodell zur Modellvielfalt

Die Firma Clerk in Wuppertal erstellte um 50 cm verlängerte Fahrgestelle als Grundlage für Kranken- und Bestattungswagen. Auf dieser Basis schufen die beiden Karosseriebauer Witty & Brückl in München sowie Ernst Wilhelm in Köln-Ehrenfeld Viertürer-Taxis zu Zeiten, als die gesetzliche Vorgabe galt, ein Taxi müsse ein viertüriger Sechssitzer sein. Das Wilhelm-Taxi behielt das Buckelheck und setzte auf mittig angeschlagene Türen, Witty & Brückl entfernte sich weiter vom Original und kreierte ein geschwungenes Stufenheck, die Türen jeweils hinten angeschlagen (also doppelte »Selbstmördertüren«). Darüber hinaus gab es mit Serienradstand von diversen Aufbauherstellern Kombinationswagen mit Holzaufbau, so genannte Woodies (beispielsweise Karmann in Osnabrück, Vereinigte Werkstätten in München, Erhard Wendler in Reutlingen). Unterschiedliche Cabriolet-Interpretationen schufen Karmann, Deutsch und Migö, Zwei- und Viersitzer mit zwei oder vier Seitenscheiben. Franz Plasswilm in Köln-Braunsfeld sorgte für Lieferfahrzeuge, bevor es den Werks-Lieferwagen gab (und für spezielle Versionen auch danach), teilweise mit verlängertem Heckbereich, auf Wunsch auch mit einem karosserieintegrierten, erhöhten Kastenaufbau. Migö wiederum schuf nicht nur Cabriolets, sondern verpasste dem Serien-Taunus auch eine große Heckklappe zur besseren Beladung. Einen viertürigen, offenen Tourenwagen für die Kölner Polizei schuf das Karosseriewerk Papler aus Köln-Merheim.

Schon vor dem Krieg war die Firma Karl Deutsch in Köln-Braunsfeld sehr mit Ford verbunden, und 1949 entstanden die ersten zweisitzigen Deutsch-Cabriolets auf Basis des Taunus.

Bemerkenswert an den zweisitzigen Deutsch-Cabriolets ist die verchromte Sturmstange am Verdeck, eigentlich eine Mode der 30er Jahre. Den Taunus Spezial 1950 flankiert ein Opel Kapitän 1949/50.

Karmann bot ein viersitziges Cabriolet mit vier Seitenscheiben und dick gefüttertem Verdeck an, hier auf Basis des '49er Taunus Spezial. Es orientierte sich handwerklich an Karmanns Hauptprodukt, dem Volkswagen Cabriolet. Es behielt die grundsätzliche Taunus-Linienführung bei, während andere Karosseriers eigene Stilelemente in die Kölner Linie einfügten oder gar komplett neu gestaltete Aufbauten schufen.

1950 sah das viersitzige Karmann-Cabriolet anders aus als im Jahr zuvor. Nicht nur, weil die Osnabrücker einen Taunus Spezial als Ausgangsprodukt nahmen. Sie hatten nun auch die Form der hinteren Kotflügel modifiziert, sodass das Hinterrad zu einem Drittel bedeckt ist.

Ein hoch elegantes, zweisitziges Taunus Deluxe Cabriolet mit bis weit in die Türen reichenden Vorderkotflügeln, sanft geschwungenem Heck und neu modellierten hinteren Kotflügeln. Die verantwortliche Karosseriebaufirma heißt Migö, eine Abbreviatur des Nachnamens von Christian H. Mittelgöker. Er war einst Betriebsleiter bei Deutsch und machte sich 1926 in Köln-Ehrenfeld selbständig. Das Taunus Cabriolet war seine erfolgreichste Kreation, 430 Stück entstanden. 1970 schloss Migö seine Pforten für immer, der Firmengründer konnte keinen Nachfolger finden.

Mehr Schmuck nach kargen Jahren

Die Serien-Limousine gab es ab Juli 1949 in zwei Versionen, dem Volkswagen-Vorbild nachgeeifert, das nunmehr in »Standard« und »Export« unterschied. Aus dem Taunus wurde also der »Taunus Standard« (ohne jedweden Chromschmuck) und über ihm rangierte der »Taunus Sonderausführung«, der sehr rasch in »Taunus Spezial« umgetauft wurde. Den Spezial lieferte Köln in vier Farben, mit Trittbrettern zwischen den Kotflügeln, behörnten Stoßstangen, die obendrein eine neue Form erhielten und aus Blech statt Alu gefertigt waren. Deutlich mehr Lametta: verchromte Windschutzscheibeneinfassung, optimistische und amerikanisch wirkende Chromstreben im Grill, Zierleiste an der Flanke. Innen etwas heimeliger, schöneres Armaturenbrett mit Aschenbecher und abschließbarem Handschuhfach, Innen-, Motor- und Kofferraum beleuchtet, alle Scheiben aus Sicherheitsglas. Optional bot Ford für den Spezial Blinker statt Winker an. Sowohl der Standard als auch der Spezial erhielten ein vergrößertes Heckfenster, wofür es keiner neuer Karosseriepressen bedurfte. Ab Werk bot Ford für den Taunus Spezial das Autoradio Siemens-Autosuper SB 601 AB an.

Am Samstag wurde der Taunus Deluxe aufpoliert, am Sonntag geht's raus ins Grüne: Papa kümmert sich um das Lagerfeuer, die Pfanne steht parat zum Brutzeln, Mama streckt das Näschen in die Vesperdose und prüft, ob der Salat die warme Fahrt unbeschadet überstanden hat. Alleine Tante Luise schert sich nicht um das leibliche Wohl. Sie trägt Federn am Hut und lauscht dem Zwitschern eines Waldkäuzchens.

Blick in die Niehler Fertigungshallen im Mai 1950. Der Taunus Spezial mit großem Heckfenster entsteht am Band, und längst werden die Karosserien in Köln gepresst, nicht mehr in Wolfsburg.

Im Dezember 1950 auf dem Dobel. Viel Schnee gab's im Dezember 1950, und auf dem Berg im Schwarzwald besonders viel. Der Taunus Spezial 1950 bewältigte die Anfahrt ohne Probleme, und jetzt beweist er sich sogar als Schrittmacher für unser sportliches Paar. Es ist doch nicht zu fassen, wofür ein verchromter Kofferraumgriff und zwei Stoßstangenhörnchen gut sein können...

Noch wenige Handgriffe, und ein weiterer Taunus Spezial 1950 purzelt vom Fließband. Viele sollten noch folgen, und viele rollten bereits über die Straßen.

Winterspaß: Der Taunus Spezial von 1950 trägt optionale Blinker, schicke Nebelscheinwerfer und einen Skiträger auf dem Dach, die Dame trägt eine warme Daunenjacke, eng und streng tailliert (der letzte Schrei aus Sankt Moritz).

Der Geschmack rutscht den Buckel runter

Derartige Modernisierungsmaßnahmen konnten aber niemanden darüber hinweg täuschen, dass der Taunus mit seiner Buckel-Form aus den 30er Jahren stammte. Zwar kamen dergestalt auch einige Nachkriegs-Neukonstruktionen auf den Markt (beispielsweise der Peugeot 203 oder der Buckel-Volvo), aber die Zukunft gehörte der Pontonform mit Stufenheck – auch wenn die althergebrachte Buckelform für den Betrachter etwas Gewohntes und Vertrautes bedeutete. Die Karosseriebauer nahmen nun den Taunus Spezial zur Basis.

Zu dieser Zeit, 1949, nahm Ford auch den selbst entwickelten, aber bei Drauz in Heilbronn gebauten Lieferwagen ins Programm. Er teilte die Silhouette mit dem späteren Kombi, der bei Ford »Turnier« heißen sollte, war aber kein solcher. Er trug Blech statt hinterer Seitenscheiben, die Hecktüre hatte eine kleine, vergitterte Scheibe. Dieser Lieferwagen setzte die Tradition der vor dem Krieg so genannten Geschäftswagen fort, Lieferfahrzeuge auf Pkw-Basis für den innerstädtischen Zustelldienst für jene Betriebe, denen ein Schnell-Lastwagen der 1,5-Tonner-Klasse zu groß war oder die sensible Waren in einem geschlossenen Laderaum zu transportieren hatten. Nota bene: 1949

Einen Lieferwagen musste im frühen Nachkriegs-Deutschland jeder Anbieter im Sortiment haben. Der Heilbronner Karosseriebauer Drauz lieferte ihn, und Ford sprach offiziell vom »Kastenwagen«. Ein solcher ist aber durch einen hinter der Fahrerkabine angebrachten, meist separaten Aufbau definiert. Deswegen ist »Lieferwagen« eher korrekt. Die ersten Drauz-Aufbauten hatten, wie auf diesem Bild zu sehen, ein mit Kunstleder verkleidetes Dach.

gab es noch keinen VW Bulli oder Ford FK 1000, die kamen alle erst ab und nach 1950. Nur DKW hatte damals den F89L als absolute Neuheit und erste Nachkriegsneuerscheinung, einen Transporter der 0,75-Tonnen-Klasse als Kombi, Lieferwagen und Pritschenwagen. Der Taunus Lieferwagen durfte 525 Kilo schleppen, womit seine 34 PS aus 1,2 Litern ziemlich beschäftigt waren. Die ersten Drauz-Lieferwagen hatten noch ein mit Kunstleder bezogenes Dach, 1950 kam er in Ganzstahlausführung.

Erst der Lieferwagen des Jahrgangs 1949 erhielt ein Stahldach. Er wirbt für Pilo-Schuhcreme aus dem Hause Thompson. Pilo brachte für Kinder damals eine regelmäßige Werbeschrift heraus, sie hieß »Der gewitzte Stiefelputzer«. 525 Kilo Nutzlast hatte der Taunus Lieferwagen. Das machte bei voller Beladung ein Gesamtgewicht von 1550 Kilo. Mit diesen Pfunden hatten die 34 Pferdchen ganz schön zu kämpfen.

Kombis gab es zu Zeiten, als das Wort Kombi noch gar nicht eingeführt war. Von Kombinationswagen wurde gesprochen, oder, in Anlehnung an den amerikanischen Begriff des »Station Wagon«, vom Stationswagen. Ein Einzelstück im Kundenauftrag blieb dieses Exemplar, erstellt vom Münchner Karosseriebauer Franz Engelhard auf Basis eines Taunus Standard von 1949. Engelhard setzte auf eine sichtbare Holzstruktur nach dem Vorbild amerikanischer Woodies, und er verlängerte die Taunus-Karosserie im Heckbereich unter Beibehaltung des Original-Radstandes.

Ein 1950er Taunus Spezial Kombi mit Karosserie von Papler in Köln auf einer Moselfähre. Im Hintergrund das Panorama von Reil: Weinbau, Tourismus – Moselromantik eben.

Spannender als der adrett lackierte Standard-Lieferwagen rechts ist der so genannte Stationswagen mit sichtbarem Holzaufbau. Er entstammt dem Atelier des Karosseriebauers Franz Plasswilm, beheimatet in Köln-Braunsfeld, und basiert auf einem 1950er Taunus Spezial.

Aus Köln-Niehl in die Welt

1949 begann bei Ford der Pkw-Export, zunächst nach Belgien, wobei damals die Autoexporteure gegen Besatzungsmacht-Regeln verstießen, die den Westdeutschen nach wie vor die Ausfuhr verboten. Dabei ging es in erster Linie um Protektionismus. Es war ja nicht so, dass alleine Deutschland darnieder lag. Den anderen kriegsführenden Staaten ging es nicht anders. Auch sie mussten mit amerikanischen Marshallplan-Geldern aufgepäppelt werden und suchten ihr Heil im Devisen bringenden Export. Logischerweise wollte jede Nation so viel wie möglich exportieren und jeder Mitbewerber wurde als Feind angesehen. Da war es seitens der Besatzer einfach, den Deutschen den Export zu verbieten. Aber sie ließen ihn sich nicht verbieten, sondern schickten ihre Produkte ins Rennen um die Gunst der Kunden. Außerdem war Deutschland selbst ein riesiger Markt, und noch vor dem Wirtschaftswunder war klar, dass ein enormer Nachholbedarf bestand. Ford-USA nahm Ford-Dagenham seine 40 Prozent Aktienanteile an Ford-Köln weg und schob sie in den eigenen Tresor. Damit war Köln nicht mehr Dagenham unterstellt, sondern eine gleichberechtigte Ford-Filiale in Europa wie Ford-England und Ford-Frankreich. Ansprechpartner für Erhard Vitger waren also nun nicht mehr die Engländer, sondern die Amerikaner. Und er schloss mit Ford-Importgesellschaften in aller Welt Verträge über die Abnahme Kölner Produkte. Das verstimmte vor allem die Engländer, denn es ging auf ihre Kosten.

Von Köln in die weite, weite Welt: Taunus Deluxe 1951 auf dem Weg zum Händler.

Letzte Änderungen, neue Einschränkungen

Als letzte Evolutionsstufe des Buckel-Taunus präsentierte Ford den Taunus '51 im Januar 1951. Am Taunus Standard änderte sich nichts, aus dem Taunus Spezial wurde der Taunus Deluxe: Die geteilte und geknickte Windschutzscheibe hatte zugunsten einer einteiligen, gewölbten ausgedient, Ausstellfenster in den Türen sorgten für feine Belüftung, Blinker waren nun obligatorisch und erhielten eine neue Form: Statt separat und rund unter den leicht tropfenförmigen Scheinwerfern waren sie nun, an gleicher Stelle, länglich und in eine Chromstrebe integriert, welche die mittlere Grillquerstrebe über den Kühlergrill hinaus verlängerte. Das Interieur wurde mit viel Einsatz von Chromleisten erneut aufgewertet, der Deluxe hatte sogar eine Uhr an Bord, dazu Lenkrad- statt Knüppelschaltung (euphemistisch »Fernschaltung« genannt),

Alt und neu: Am 8. Januar 1951 präsentierte Ford den Taunus Deluxe 1951, und ein Vergleich mit dem Spezial von 1950 (links) offenbart die Weiterentwicklung eklatant:. Die geteilte und geknickte Windschutzscheibe musste zugunsten einer einteiligen, gewölbten gehen, Ausstellfenster in den Türen sorgten für Belüftung, Blinker serienmäßig.

Taunus Deluxe mit serienmäßigen Blinkern, Zusatzscheinwerfer als Solitär aus dem Zubehörhandel und stolzem Besitzer in elegantem Zwirn. Gut zu sehen, dass Anfang der 50er Jahre auch auf Bundesstraßen eine Kopfsteinpflasterung nicht unüblich war.

Das kann vieles sein. Aber auf jeden Fall nicht das, wonach es auf den ersten Blick aussieht, nämlich ein Ford Taunus – auch wenn der Heckschriftzug eben dies suggeriert. Der Wagen hat einen völlig anderen hinteren Deckel mit Louvres, auch unter der Heckscheibe, er hat Lufthutzen hinter dem Seitenfenster. Das ist ein Heckmotor-Auto! Und auch sonst ist einiges un-ford-ig an diesem Wagen mit Wiener Zulassung. Es könnte ein tschechischer Prototyp sein, vielleicht ein Tatra-Experiment. Jedenfalls hoch interessant, dieser »Ford Taunus«, der seinen Heckschriftzug sicher nur trägt, um den Betrachter zu verwirren. Genau das hat er damals geschafft und schafft er noch heute.

der Handbremshebel unter dem Armaturenbrett sowie ein elfenbeinfarbenes Lenkrad mit verchromtem Hupring – Zugeständnisse an den Zeitgeschmack und amerikanische Moden. Dazu kamen eine neue Auspuffaufhängung zur Geräuschreduzierung und ein besser abgestimmtes Fahrwerk. Den Taunus Spezial gab es in Resedagrün, Bordeauxrot und einem pastelligen Gelbbeige.

Wegen des Korea-Krieges wurde Benzin erneut ein knappes Gut. Auch Stahl und Feinbleche wurden rationiert, was Köln deutlich zu spüren bekam. Das lag aber nicht nur am Korea-Krieg, sondern auch daran, dass Deutschland seine Kohle an die Kriegssieger abtreten musste, somit selbst nicht genügend hatte und deswegen energieintensiven Walzstahl für Karosseriebleche nicht produzieren konnte. Eine ungute Situation: Ford hatte volle Auftragsbücher, konnte die Aufträge aber nicht abarbeiten. In Folge dessen trat 1952 die Montanunion in Kraft, ein europäischer Wirtschaftsverbund für Kohle und Stahl ohne Zollgrenzen. Zuvor aber reagierte Ford – wie die anderen Hersteller auch – im Februar 1951 mit einem »Materialzuschlag« von zehn Prozent auf den Listenpreis.

Die Zeit des Vorkriegs-Taunus ging zu Ende, er war total aus der Mode und der letzte deutsche Wagen mit starrer Vorderachse. Auch wenn sich Volkswagen die Buckel-Form noch jahrzehntelang würde leisten können, denn der Volkswagen war der Volkswagen, so sollte der Ford doch ein modernes Automobil im modernen, und das heißt amerikanischen, Stil sein. Und, vor allem, mit einem Fahrwerk mit zwei Starrachsen und Querblattfedern konnte man nicht mehr bestehen. Dennoch mochten die Kunden den Typ G 93 A, denn er war solide, ausgereift und seine Fertigungsqualität war sehr hoch. Zwischen November 1948 und Herbst 1952 entstanden 76.590 Exemplare, darunter 62.828 Limousinen (inklusive Cabriolets und sonstiger Sonderaufbauten) und 13.762 Lieferwagen. Doch schon seit 1949 tüftelte Chefkonstrukteur Richard Bussien am Nachfolger. 1952 sollte der Weltkugel-Taunus entstehen.

Firestone
PHOENIX
Persil
Persil
Persil
A
759
5C-60567
B49-6371
A99-4122
B97-4366

Ein Witty & Brückl-Taxi im Straßenbild, wenngleich hinter dem Militärlastwagen halb versteckt. Das sah man selten. Münchner Straßenszene 1953, fotografiert aus dem Rathaus am Marienplatz. Der 1950er Chevrolet Fleetline und der REO M34 Eager Beaver aus der Zeit des Korea-Krieges zeigen die hohe Präsenz der amerikanischen Besatzer. Die Menge an Zweirädern, mit und ohne Motor, demonstriert, dass damals beileibe nicht jeder Deutsche ein Auto hatte. Der hintere VW Kastenwagen trägt ein nicht serienmäßiges Zusatzfenster in der rechten Schranktüre. Ansonsten zeigt die Aufnahme das automobile Alltagsspektrum. Die Straßenbahn ist eine MAN-Type-E1.8, Baujahr 1925.

1950 gab es in Deutschland keinen als Taxi wirklich brauchbaren Wagen. Luxuslimousinen erschienen erst später und waren zu teuer, erschwingliche Fahrzeuge wie der Mercedes 170 V nur für fünf Fahrgäste zugelassen. Die Taxizunft benötigte einen veritablen Sechssitzer. Ihn bot die Münchner Karosseriebaufirma Witty & Brückl auf Basis des 1950er Taunus Spezial. Das um 50 Zentimeter verlängerte Chassis produzierte Clerk in Wuppertal, Witty & Brückl sorgte für den viertürigen Aufbau mit Trennscheibe und Ledersitzen. Einen ähnlichen Pullman-Sechssitzer, aber unter Beibehaltung des Buckel-Hecks, produzierte die Firma Wilhelm-Karosseriebau in Köln. Der Münchner Ford-Händler Niedermair & Reich bot beide Versionen an und ließ dafür ein Prospektblatt drucken.

R606

KAPITEL 3

Mehr als nur ein Design-Gag: Der Taunus mit der Weltkugel

»Streitgespräche« führten zur Weltkugel, Gespräche mit Alfons Streit, seines Zeichens gebürtiger Wiener und ehemals stellvertretendes Vorstandsmitglied bei Ford, im Zuge der Entnazifizierung entlassen. Als Chefkonstrukteur wurde er erneut angeheuert, um am neuen Taunus wesentlich mitzuarbeiten. Eine völlige Neukonstruktion, ein selbsttragendes Fahrzeugkonzept, und genau damit hatte Chefingenieur Richard Bussien keinerlei Erfahrung. Die beiden studierten im Mutterkonzern die neuesten Erkenntnisse. Detroit ließ sich das Styling nicht nehmen, Anfang 1950 stand fest, wie der neue Taunus auszusehen hatte. Das Design orientierte sich am '49 Ford aus der Feder von Theodore Wells Pietsch II. Und von Anfang an trug er die Weltkugel an der Front. Sie sollte dem 12m bis Herbst 1959 erhalten bleiben. Bei der letzten Generation wurde die Haube geglättet und die Kugel entfernt. Sie war nicht alleine ein Styling-Gag. Die Ausformung der Motorhaube war eine kurzlebige US-Mode Anfang der 50er Jahre, und die US-Stilisten verordneten sie dem deutschen Taunus 12m. Eigentlich war diese stilisierte Weltkugel eine gute Idee, unterstrich sie doch gerade bei diesem deutschen Wagen kurz nach dem Krieg, dass er weltweit Erfolge einfahren sollte. Dass sich dieses Stilmittel so lange halten könnte, ahnte bei seiner Umsetzung niemand. Aber Ford-Köln fehlte es einerseits am Geld, um neue Presswerkzeuge für die Motorhaube anzuschaffen. Andererseits war die Weltkugel zum Erkennungsmerkmal geworden.

Amerikanisches Design, französische Einflüsse

Der US-Entwurf zeigte sich hochmodern in vollendeter Pontonform und trug in sich das Potenzial, auch als Viertürer gebaut zu werden. Bussien konnte, wollte und durfte nur Kleinigkeiten daran ändern – Dinge eben, welche die US-Stilisten nicht berücksichtigen konnten, weil sie die Technik des Taunus nicht vor Augen hatten. So mussten die Kühlöffnungen im Grill größer werden, weshalb die Weltkugel an Größe abnahm, die vorgeschlagenen hinteren Ausstellfenster fielen weg, aber sowohl Form als auch Format, ebenso wie die Proportionen übernahm der neue Taunus von den US-Vorschlägen. Die selbsttragende Karosserie, nach dem Krieg ein konstruktives Novum, erforderte ein komplett anderes Denken, worin die deutsche Industrie wenig bis gar keine Erfahrung hatte. Fremde Hilfe war angesagt, sie kam von der französischen Ford-Filiale, namentlich vom dortigen Karosseriekonstrukteur Larry Boysel, einem in Poissy stationierten Amerikaner, der die Zeichnungen anfertigte, und vom französischen Karosseriebauer Chausson, der sie am Reißbrett umsetzte. Eine Motorneukonstruktion brachte es bis zum Prototypen-, nicht aber bis zum Serienstadium, weswegen der althergebrachte Taunus-Motor weiterleben durfte und musste. Die Typbezeichnung »Taunus« blieb ebenfalls bestehen, »12m« wurde angehängt, wobei die »12« für den Hubraum und das »M« für das Wort »Meisterstück« steht. Der Premierenprospekt vom Januar 1952, vom Graphiker Walter Gotschke gestaltet, ist betitelt: »Ein Meisterstück von Ford«. Ein neues Firmenornament gab es ebenfalls, nicht mehr die Wappenarabeske mit Dom und Fabrikschornstein (seit 1939 verwendet), sondern zwei ineinander verschlungene Ovale mit den Buchstaben »F« und »K« für »Ford Köln«.

Im Januar 1952 brachte Ford den völlig neuen Taunus 12m mit der legendären Weltkugel. Sein Erscheinen war eine kleine Sensation, denn Ford war mit der neuen Generation der Ponton-Wagen schneller als Opel. In Rüdesheim stellte der örtliche Ford-Händler zwei nagelneue 12m auf dem Marktplatz aus, was einen Passanten offenbar so faszinierte, dass er seine Voigtländer zückte und ein Foto schoss.

Premiere des Taunus 12m war am 4. Januar 1952. Den Stapellauf des ersten Fließbandfahrzeugs vollzog der nordrhein-westfälische Wirtschafts- und Verkehrsminister Artur Sträter im Werk, danach große Präsentation vor Journalisten und Händlern in den Kölner Messehallen. Der Taunus 12m war rundum hoch modern, eine absolute Abkehr vom bisherigen Buckel-Taunus, vom Motor abgesehen.

Die 50er Jahre waren geprägt von den Ami-Schlitten der GIs, wie die amerikanischen Besatzungssoldaten von den Westdeutschen genannt wurden. Aber nachdem das Design vor allem von Ford und Opel ohnehin amerikanisch war, hatten die Soldaten keine Hemmschwelle, auch einen '52er 12m zu fahren, stilistisch eindeutig ein kleiner Amerikaner. Dann noch zwei echte Amis, rechts ein 1953er Buick Roadmaster, und der zweifarbige Wagen in Rosa und Schwarz ist ein Dodge Royal Sierra Custom Station Wagon von 1955. Schließlich noch zwei Volkswagen. Denn ohne Volkswagen ist eine 50er-Jahre-Autoszene schier undenkbar.

Das hätte jeder Ford-Enthusiast gerne in seiner Vitrine: Ein Ton-Modell im Maßstab 1:5, bereits sehr seriennah. Das Design des ersten neu konstruierten deutschen Nachkriegs-Ford kam von der Konzernmutter in Dearborn/ Michigan. Die Kölner Entwicklungsabteilung leistete nur Feinarbeit.

So sieht eine selbsttragende Karosserie aus, damals wie heute. Köln hatte keinerlei Erfahrungen mit der Konstruktion einer solchen. Darum bat Chefkonstrukteur Alfons Streit die französische Karosserieschmiede Chausson um Hilfe bei der Erstellung.

Wagen Nummer Eins. Nordrhein-Westfalens Verkehrsminister Artur Sträter nimmt eigenhändig das Steuer in die Hand, um am 4. Januar 1952 den ersten Taunus 12m vom Fließband zu fahren.

Ponton in Bestform

Die Karosserie entsprach der neuesten Mode aus Detroit, vollkommene Pontonform. Der 12m war auf einer Linie mit dem Borgward Hansa 1500 und somit weit moderner als andere Neuerscheinungen, die erst nach ihm kommen sollten, wie beispielsweise der Opel Olympia Rekord oder der Mercedes 180. Beide trugen noch Ansätze hinterer Kotflügel, weil weder General Motors noch Daimler-Benz ihrer Kundschaft zutraute, jetzt schon bereit für die neue Karosserieform zu sein. Auch die auffallend kleinen 13-Zoll-Räder wurden Schrittmacher, die Konkurrenz zog nach, und die großflächigen Fenster garantierten einen richtiggehend Licht durchfluteten Innenraum. Dort dominierte die vordere Sitzbank, also war der Ford als Sechssitzer zugelassen, was natürlich keine Stockschaltung zuließ. Aber die war von gestern, man schaltete am Lenkrad. Der Graphiker Walter Gotschke kreierte damals den Werbespruch »Der fahrende Raum«. Eine Selbstverständlichkeit waren die einzeln aufgehängten Vorderräder an Doppel-Querlenkern mit Schraubenfedern, ebenso wie die hintere Starrachse an Blattfedern, das war damals State of the Art, ebenso wie ein Getriebe mit drei Gängen, immerhin voll synchronisiert. Weiterhin gab es eine Schneckenrollenlenkung, doch der seitengesteuerte Taunus-Motor war ein alter Bekannter, auch wenn er nunmehr 38 statt 34 PS leistete. Immerhin war das Leergewicht um circa 50 Kilo gesunken, was den 12m gegenüber dem Vorgänger deutlich agiler und schneller machte (112 statt 105 km/h, 38 statt 44 Sekunden für den Spurt auf Tempo 100).

Die erste Aufnahme des 7535 Mark teuren 12m durch die Kunden war begeistert ob der Modernität, gleichsam hielten sich die Käufer, wohl aus dem selben Grund, mit Vertragsunterzeichnungen zurück. So entschied Ford, den Buckel-Taunus noch ein halbes Jahr lang bis Herbst 1952 weiterzubauen, für die konservative Klientel. Trotzdem bedeutete 1952 für Köln Produktionsrekord, das bisherige Rekordjahr 1938 wurde überflügelt. Einziger Wermutstropfen: Die ersten Taunus 12m litten unter Qualitätsmängeln, undichter Kofferraum, Karosseriedröhnen, klägliche Hupe. Genervte Händler forderten eine preiswertere Version, um dem Volkswagen etwas entgegenzusetzen zu haben. So präsentierte Ford zum Modelljahr 1953 eine abgemagerte Spartakus-Version, den Taunus 12 ohne »m« für 6185 Mark, ohne Chrom, nicht verstellbaren Stahlrohr-Sitze, schmaleren Reifen (5,60-13 statt 5,90-13) und Mittelschaltung. Viele Ausstattungs-Selbstverständlichkeiten entfielen. Ford warb beschönigend: »Der Gebrauchswagen von vollendeter Zweckmäßigkeit«.

Große Vielfalt – und ein stärkerer Taunus

Cabriolet, Kombi, Lieferwagen und Pickup auf 12m-Basis feierten auf der IAA im März 1953 ihre Premiere, gleichzeitig erschien der Transporter FK 1000. Das viersitzige Cabriolet mit vier Seitenscheiben kam von der Karosseriefabrik Karl Deutsch in Köln-Braunsfeld, den Pickup, der eher für den Export gedacht war, karossierten Drauz in Heilbronn

Am 29. Dezember 1952, fast ein Jahr nach dem Taunus 12m, präsentierte Ford den Taunus 12, ohne »m« in der Typbezeichnung. Das war ein extrem abgemagerter 12m, ohne jeglichen Schmuck, spartanisch ausgestattet mit Stahlrohr-Sitzen anstelle der vorderen Sitzbank und mit Mittelschaltung. Sogar die Weltkugel fehlte.

und die Karosseriewerke Weinsberg. Er und der Kombi waren innen ebenso spartanisch ausgestattet wie der Taunus 12 (ohne »m«).

Kombis kamen von Hebmüller in Wülfrath und auch von Drauz. Ford hatte den Auftrag ausgeschrieben, einen großzügig verglasten Kombi auf Basis des Lieferwagens herzustellen. Die Karosseriebauzunft bewarb sich, und Hebmüller in Barmen bei Wuppertal erhielt den Zuschlag. In den 30er Jahren war Hebmüller gut im Geschäft gewesen, auch mit Ford. Nach dem Krieg machte sich der Betrieb einen hervorragenden Namen durch das hinreißend schön gezeichnete, zweisitzige Volkswagen Cabriolet. Von einem Großfeuer im Jahre 1949 erholte sich Hebmüller nicht mehr und musste 1952 Konkurs anmelden. Die ersten 12m Kombis stammten von Hebmüller, die letzten Arbeiten des Traditionshauses, spätere Modelle bis 1954, kamen von Drauz. Auch zu diesem Betrieb pflegte Ford bereits gute Beziehungen.

Dem allgemeinen Trend zur 1,5-Liter-Klasse folgte Ford mit dem Taunus 15m (intern Ford G4B). Und damit wurde aus dem Typ endlich der Wagen, den sich Fachleute und Publikum schon von Anfang an gewünscht hatten: Die Achillesferse des 12m, sein altertümlicher Motor, wich nun einer angemessen starken Neukonstruktion, und Ford erhielt dafür viel Lob. Chefkonstrukteur Streit baute ein modernes Aggregat mit hängenden Ventilen (also OHV) und seitlicher Nockenwelle, 55 PS aus 1498 cm^3, kombiniert mit (aufpreispflichtigem) Vierganggetriebe. Nun war der Taunus in der Klasse angekommen, zu der er in Bezug auf seine gesamte Auslegung inklusive Karosseriegröße schon immer gehörte, in der 1,5-Liter-Klasse (und wofür schon sein Vorgänger, der Buckel-Taunus, ursprünglich vorgesehen war). Der 12m agierte in Sachen Motor auf Volkswagen-Niveau, doch seine Väter hatten ihn nie als VW-Konkurrenz, sondern als Rivalen für den Opel Olympia Rekord konzipiert. Mit dem neuen 1,5-Liter-Wagen war der Aufstieg endlich vollbracht.

Im Mai 1952 wird an den Quai-Anlagen des Kölner Werkes die erste Sendung von Taunus 12m nach Brasilien verladen. Am Kran hängt ein Taunus Spezial Lieferwagen. Seine Artgenossen befanden sich noch in Produktion. Zwar hatte Ford den »Buckel« zeitgleich mit dem Band-Anlauf des Nachfolgers gestoppt. Aber der Markt verlangte weiterhin nach dem Alten. So nahm Ford die Produktion wieder auf und stellte ihn, parallel zum 12m, bis Herbst 1952 her.

Das brauchte Deutschland: einen Lieferwagen für Geschäftsleute. Kurz nach der 12m-Limousine stellte Ford den Lieferwagen vor, innen ebenso spartanisch wie der Taunus 12. Er wurde im Ford-Werk produziert und diente als Ausgangsbasis für die bei externen Spezialisten gefertigten Kombiwagen.

Die ersten 12m Kombis stammten von Hebmüller, die letzten Arbeiten des Traditionshauses, spätere Modelle bis 1954 von Drauz.

Der 15m war ein Exportschlager, und Ford baute im Werk Amsterdam sogar rechtsgesteuerte 15m für den Markt in Großbritannien und im britischen Commonwealth. Überschaubare optische Änderungen distanzierten den Anfang 1955 lancierten 15m vom schwächeren Bruder: Unter Beibehaltung der Weltkugel änderte sich das Kühlergesicht, der einteilige Grill wurde breiter und schmäler und durch eine Mittelleiste horizontal unterteilt. Neue Scheinwerfereinfassungen, welche die Leuchten leicht überschirmten, dazu neue, größere Rückleuchten und ein nach unten wegklappbares Kennzeichen, das den mittigen Tankeinfüllstutzen verdeckte. Die Flankenzierleiste begann schon vorne und nicht erst auf der Türe, dazu breitere, tropfenförmige Vorderblinker und andere Radkappen. Innen Breitband- statt Halbrundtacho, hängende statt stehender Pedale, mehr Chrom und feinere Stoffe. Der 15m benötigte für den Spurt auf Tempo 100 spürbar weniger Zeit als der 12m (25 statt 38 Sekunden) und rannte 128 km/h schnell, er gehörte zu

Deutsch baute in handwerklicher Kleinserie das Taunus 12m Cabriolet, das über das Ford-Händlernetz verkauft wurde. Der Wagen war ein 2+2-Sitzer, streng genommen sogar ein 3+2-Sitzer. Denn hinten befanden sich nur Notsitze, und die vordere Bank war für drei Passagiere zugelassen. Präsentation auf der IAA im März 1953.

den agilsten seiner Klasse. Der 15m Kombi kam nicht mehr vom Karosseriebauer Drauz, sondern von Karmann in Osnabrück und trug, im Gegensatz zum 12m Kombi, keine zwei hinteren Seitenscheiben mehr, sondern eine lange Scheibe mit Schiebefenstern.

Parallel zur Einführung des 15m wurde auch der 12m für 1955 modernisiert. Die Kühlerrippen nun nicht mehr waage-, sondern senkrecht angeordnet, leicht abgemagerte Serienausstattung, einhergehend mit einer Preissenkung, sodass auf dem Taunus 12 (ohne »m«) fortan verzichtet werden konnte. Ford sah den 12m als Auslaufmodell (und strich deshalb seine Kombiversion im Herbst 1955, die auf Kundenwunsch im Januar 1957 wieder erscheinen sollte). Doch die Kunden stimmten anders ab und verlangten weiterhin nach dem 12m. Ford hielt deshalb an beiden Modellen fest. Doch der 15m sollte das Volumenmodell werden und eine Topversion erhalten, den 15m Deluxe ab September 1955.

Der Markt verlangte einen 1,5-Liter-Mittelklassewagen und bekam im Januar 1955 den 15m. Optisch unterscheidet sich der 15m vom weiterhin gebauten kleineren Bruder durch einen neu gestalteten, gestreckten Kühlergrill, die Vorderkotflügel sind leicht über die Scheinwerfer gezogen, das Heck charakterisieren neue Rückleuchten und ein abklappbares Kennzeichen, worunter sich der Tankstutzen verbirgt. Der Eigentümer dieses Exemplars individualisierte den Wagen mit Zusatzblinkern auf den Kotflügeln und einer Kühlerfigur.

Im seitengesteuerten 1,2-Liter-Motor, einer Vorkriegskonstruktion, lag kein Potenzial. Also konstruierte Ford einen modernen, 55 PS starken 1,5 Liter mit hängenden Ventilen und einer seitlichen Nockenwelle. Sogar ein Viergang-Getriebe war lieferbar, wenngleich optional. Walter Gotschke zeichnete nicht nur Autos in anmutiger Umgebung. Er zeichnete auch Technik.

Als Ford die zweite Weltkugel-Generation und damit den 15m auf den Markt brachte, erntete dieser zwar viele Lorbeeren, die Kunden kauften aber trotzdem einen 12m. Die Version von Januar 1955 bis August 1957 hatte neue Zierteilchen hier und dort, modifizierte Radkappen und vor allem einen neuen Grill. Waren die Lamellen bislang horizontal angeordnet, so befestigte sie Ford nunmehr vertikal.

Typisches Optik-Tuning der 50er Jahre: Taunus 12m Modell 1955 mit Sonnenschute, Vollchromradkappen mit imitiertem Zentralverschluss aus dem Zubehörhandel und drei vermeintlich schönen Bullaugen, wie man sie vom amerikanischen Buick kannte. Vielleicht hoffte der smarte Herr mit seinen beiden Damen tatsächlich, dass seine Nachbarn den braven Taunus deswegen für einen Ami-Schlitten hielten.

Die schwarzen Besatzungskennzeichen mit weißer Schrift wurden bis Ende Juni 1956 ausgegeben, dann war Umstellung auf das bis heute gültige System, weiße Schilder mit schwarzer Schrift. Bestehende schwarze Kennzeichen mussten bis spätestens Ende Juni 1958 ausgetauscht werden. Schon 1955 gab es eine kleine Kennzeichennovelle: Aus den übereinander gestellten Buchstaben, welche die Besatzungszone kennzeichneten, wurden einzelne Großbuchstaben. Das brachte die Kuriosität mit sich, dass manche Kombination doppelt vergeben wurden, wie hier am '55er 12m und dem Käfer. Der VW trägt »AW« für Amerikanische Zone Württemberg, der Ford nur »W« für Württemberg. Die »60« steht übrigens für die Stadt Karlsruhe. Zufälliges Treffen am Wegesrand, glücklicherweise die Kamera schussbereit gehabt.

Zeitgleich mit der Limousine lancierte Ford den 15m Kombi im Januar 1955. Nicht mehr Drauz, sondern Karmann war der Karosseriebauer. Ganz anderes Erscheinungsbild: Keine getrennten hinteren Seitenscheiben mehr, sondern ein großflächiges Seitenfenster, das sich aufschieben ließ. Das abgebildete Exemplar steht auf dem Hof eines Ford-Händlers zur Reparatur. Wer möchte hier nicht spazieren gehen...?!

Blick in die Karosserieproduktionshalle bei Karmann in Osnabrück. Bemerkenswert sind die Formteile, die in den Aussparungen für die Scheinwerfer befestigt sind. Dadurch können die Männer am Fließband die vorderen Kotflügel, die aus mehreren Blechteilen bestehen, punktgenau anfertigen. Die Matrizen sorgen dafür, dass später der Scheinwerfer auch wirklich in den Lampentopf passt.

Dienstmädchen im Abendkleid

Sein Entstehen ist dem Leiter der Kölner Karosserieentwicklung, dem Amerikaner Bill Bright, zu verdanken. Die Fachpresse sprach vom »Dienstmädchen im Abendkleid«, wie der Automobilschriftsteller Werner Oswald vermerkte. Alles dran und alles drin, was gut und teuer war: sieben auf die Querstrebe des 15m-Grills aufgesetzte Haifischzähne, Chrom aller Orten, besonders große Stoßstangenhörner, Felgen mit speziellen Radzierkappen, natürlich Weißwandreifen, innen feine und geschmackvolle Stoffe, Sonnenblende mit Make-up-Spiegel für die Dame, Rückfahrscheinwerfer in der linken (natürlich verchromten) Rückleuchteneinheit, Scheibenwaschanlage, Lichthupe. Serienmäßige zweifach abgesetzte Zweifarbenlackierung, Donaublau, Indischrot oder Anthrazit mit jeweils silbergrauem Dach, wobei die Dachfarbe bis unter die Seitenfensterunterkante herabgezogen war. Einfarbig gab es ihn auf Wunsch auch, für die ganz diskreten Kunden, in Silbergrau oder Schwarz. Gleich sechs unterschiedliche Blaupunkt-Radios offerierte Ford auf Wunsch. Und ein Faltschiebedach. Der Taunus 15m Deluxe gehört zu den Symbolen des deutschen Wirtschaftswunders, er repräsentiert es gewissermaßen. In seiner Klasse war der 15m Deluxe ein kleiner Luxusliner und fand nicht seinesgleichen. Netter Gag: Die außen liegenden Kofferraumscharniere wurden seit dem ersten Tag am 12m und 15m kritisiert, und beim 15m Deluxe machte Ford aus der Not eine Tugend: Die Scharniere wurden verchromt und dadurch sogar noch besonders hervorgehoben. In dieser Zeit kaufte Ford das von Vidal & Sohn (Markenname Tempo) gepachtete, ehemalige Karosseriewerk Hebmüller in Wülfrath und baute es zu einem modernen Motorenwerk um.

Der Herbst 1957 stand zwar ganz im Zeichen des neuen, größeren Ford Taunus 17m P2, doch auch der bisherige Weltkugel-Ford erfuhr Modifikationen. Heute würde man das als zweites Facelift bezeichnen, damals sprach man von der dritten Bauserie. Zunächst musste der 15m Deluxe nach nur zwei Jahren abtreten, zu nahe wäre er dem 17m gestanden. Auch der normale 15m erfuhr eine kleine Abmagerungskur und zeigte jetzt in Wagenfarbe lackierte und nicht mehr verchromte Fensterumrandungen. Den Kühlergrill zierte ein feines Karomuster, die frei stehenden Kofferraumscharniere waren nunmehr verdeckt angebracht, die als zu weich verschriene Federung wurde straffer. Die 12m-Linie erfreute sich wieder eines Kombis, sein Grill glich nun jenem des 15m, er behielt aber die runden Vorderblinker. Interessant: Dies war der erste hausgemachte Kombi am Ford-Fließband; ab Januar 1957 wurde der 12m Kombi in Köln-Niehl gefertigt.

Es gab auch Ausstattungsunterschiede zwischen 12m und 15m, so hatte der 12m keine Parkleuchten an den B-Säulen, trug andere Zierleisten und Radkappen, aber auf den ersten Blick waren 12m und 15m nicht auseinanderzuhalten. Überhaupt die großflächigen, einteiligen Radkappen: Sie waren formal stets gleich, änderten aber im Laufe ihres Lebens ständig ihre Dekoration. Mal waren sie verchromt, mal in Wagenfarbe lackiert, mal teilverchromt und teillackiert, die Größe der Chromfläche variierte, sie trugen farbige Zierlinien oder auch nicht. Und sie wandelten sich nicht nur von Modelljahr zu Modelljahr, sondern

Ein 15m der dritten Weltkugel- und zweiten 15m-Generation, gebaut von September 1957 bis Juli 1958. Im Hinblick auf den 17m musste der 15m etwas abmagern. Das zeigte sich zum Beispiel daran, dass die Rahmen der Seitenfenster lackiert waren. Bis auf die Blinker, die Radkappengestaltung, einige Zierteile und natürlich die Schriftzüge bestanden keine optischen Unterschiede zwischen 12m und 15m.

Gelber Engel: Der ADAC hatte nicht nur Volkswagen und Motorräder mit Beiwagen im Fuhrpark, sondern auch größere Fahrzeuge wie den 12m Kombi, hier ein 1958er Modell. Er steckt im damals typischen ADAC-Livrée, nämlich gelb mit schwarzem Dach und schwarzen Flanken. Später dann wurde das Dach weiß, und heute sind ADAC-Fahrzeuge einfarbig gelb.

Taunus im Abendkleid: So schön war bislang noch kein Nachkriegs-Ford. Taunus 15m Deluxe heißt das Flaggschiff, und es strahlt prächtig im vollen Ornat, mit chromblinkenden Applikationen beladen, mit zweifach abgesetztem Zweifarbenlack herausgeputzt, Weißwandreifen, bester Zwirn im Innenraum. Der Deluxe bedeutete Wohlstand. Dieses Auto konnte nur 1955 erscheinen, gleichsam als Blüte wie als Symbol des deutschen Wirtschaftswunders.

Auf der IAA im September 1955 debütierte der 15m Deluxe. Knapp zwei Jahre lang, bis Juli 1957, war er das Kölner Spitzenmodell. Dann musste er gehen, zu nahe stand er dem 17m P2.

Sieben chromblitzende Hörner im Grill, das charakterisierte den 15m Deluxe von vorne. Es sah aus, als fletschte ein böses Tier die Zähne, doch dazu wollte der Rest nicht passen. Denn der »Weltkugel-Taunus« war an sich ein braves Auto, alles andere als aggressiv. Aber auch ein Stubenkater kann mal kratzen… An dieser Hamburger Tankstelle, einem Ford-Händler angegliedert, ist er gleich im Doppelpack zu sehen.

unterschieden sich auch beim 12m und 15m. Und dann gab es zeitweise auch noch Felgen in Wagenfarbe, die nur von kleinen, mittigen Chromradkappen bedeckt wurden. Über die Felgenbedeckung des Ford G13 und G4B könnte man (fast) eine Dissertation schreiben.

Der neue Vorstandsvorsitzende John Samuel Andrews, seit Januar 1958 Erhard Vitgers Nachfolger, stoppte im Juni 1958 die Produktion des 15m als eigenständiges Modell zugunsten des 17m P2. In der dritten Bauserie gab es optisch keine Unterschiede mehr, ja es gab nicht mal mehr einen 15m, sondern nur noch einen 12m – diesen aber mit 1,2- und 1,5-Liter-Motor. Denn den 15m auslaufen zu lassen, war eine Fehlentscheidung. Zu groß war die Lücke zwischen 12m und 17m, die Kunden wandten sich von Köln ab und orientierten sich gen Rüsselsheim. Der 1,5-Liter-Motor musste wieder her.

Ein neuer, alter 1,5-Liter-Wagen

Im August 1959 erschien der so genannte Streifen-Taunus (intern: G13AL), modifiziert nach dem amerikanischen »Lowliner«-Prinzip. Das bedeutet, eine bestehende Karosserie optisch zu strecken, ohne die Werkzeuge wesentlich ändern zu müssen. Ford überarbeitete die Rohkarosserie lediglich. Niedriger wurde der Wagen, weil das Dach weniger bombiert war. Nur für das Auge länger, also nicht am Maßband messbar, wurde er durch eine geschickte Verwendung des Chomzierrates, gepaart mit dem breiten, auflackierten Flankenstreifen. Er war fast immer weiß, aber eben nur fast immer. Einige Farben kombinierte Ford auch mit dunklem Streifen. Und wer den Streifen partout nicht wollte, sparte 35 Mark. Diese Arbeit war für die hauseigenen Kölner Stilisten die Kür, der Rest war einfach nur Pflicht: Ford investierte in ein neues Presswerkzeug für die Motorhaube, nun ohne Ausbuchtung für die Weltkugel, die lange genug gedient hatte, und schuf einen großen, breiten Aluminiumgrill, grobmaschig und die Blinker integrierend. Ein Gag am Heck: Ford kreierte eine neue Optik, indem die Rückleuchten des 15m G4 schlichtweg umgedreht montiert wurden. Auch innen wurde der »Streifen-Taunus« gründlich renoviert, die erste Arbeit eines gewissen Uwe Bahnsen, der aus der Textilbranche kam, inklusive des geschüsselten Lenkrads aus dem P2. Auch ein wenig neue Technik: Ein Querstabilisator verminderte die Seitenneigung in Kurven. Nach wie vor gab es neben dem Zweitürer den Kombi und das zweisitzige Deutsch-Cabriolet (dieses nur bis 1961). Ford unterschied nicht mehr zwischen 12m und 15m (um den gemachten Fehler nicht auch noch nach außen zu kehren), alle Wagen hießen 12m, aber es gab ihn weiterhin mit 1,2 Litern und 38 PS sowie mit 1,5 Litern und 55 PS (gegen bescheidene 110 DM Aufpreis). Der Taunus 12m 1,5 Liter wurde als Taunus »12m Super« bezeichnet. Nach 14 Monaten Zwangspause war der 1,5-Liter-Motor also wieder da. Optisch kein Unterschied zwischen 12m und 12m Super, nicht mal ein Heckschriftzug (Originalton Ford: »Sportliche Fahrer legen keinen Wert auf Äußerlichkeiten.«). Jedoch leisteten sich die Käufer des 1,5-Liter-Motors häufiger das farblich abgesetzte Dach als die Kunden des 1,2-Liter-12m.

Obgleich jeder wusste, dass der aktuelle 12m nur ein modifizierter Weltkugel-Taunus war, hatten ihn die Kunden lieb, vor allem in der

Die P2-Präsentation geriet zur Sensation. Darob vergaß die Fachwelt beinahe, dass zeitgleich mit dem großen Ford auch die Mittelklasse überarbeitet wurde. Dabei stand dieser Wagen, wenn auch etwas abseits, im Park des Kölner »Stadtwald-Restaurant« am 29. August 1957, als dort der P2 das erste Mal gezeigt wurde. Beide, der 12m und der 15m, wurden modifiziert. Den Grill zierte fortan ein feines Wabenmuster, die Kofferraumscharniere verschwanden endlich unters Blech, und eine straffere Federung sorgte für bessere Straßenlage, dafür für weniger Komfort.

Im Alltagsbetrieb: 1958er 15m Kombi. Oder doch Turnier? Diese Bezeichnung wurde für den P2 Kombi eingeführt, zumindest auf einigen Märkten. Ab dann herrschte in offiziellen Ford-Publikationen eine gewisse Unsicherheit, ob der Wagen nun Kombi oder Turnier heißen soll. Beim Weltkugel-Taunus, war man sich zwar einig, dass die Bezeichnung Kombi offiziell ist, aber mancherorts wurde auch vom 15m Turnier gesprochen (respektive geschrieben).

Ein letztes Mal wurde der »Weltkugel-Taunus« modifiziert, und verlor dabei sein Erkennungsmerkmal. Aber nicht nur die Motorhaube wurde geglättet und ein neues grobmaschiges und verchromtes Kühlergesicht geschaffen. Der Neue erhielt sogar ein flacheres Dach, was zusammen mit dem breiten, weiß abgesetzten Seitenstreifen für eine wesentlich modernere und gestrecktere Optik sorgte. Szene von der österreichisch-jugoslawischen Grenze am Loiblpass im Sommer 1963, der 12m in Gesellschaft eines Mercedes 220 SE und eines Opel Olympia Rekord P I.

38-PS-Basisversion. Der Wagen, ein richtiger Familienfreund, erlebte auf seine alten Tage richtige Lieferfristen! Wobei man allerdings auch sagen muss, dass dies nicht nur am Ford, sondern an der allgemeinen Konjunktur lag. Den Deutschen ging es am Ende der 50er Jahre verdammt gut! Über zehn Jahre lang, von Januar 1952 bis Juli 1962, war die erste 12m-Generation aktuell, und zuletzt war der Wagen, trotz der »Lowliner«-Modifikationen, heillos aus der Mode – doch er gehörte bis Anfang der 70er Jahre zum Straßenbild, wenngleich eher der Streifen-Taunus als die früheren Modelle mit der Weltkugel. Gebaut wurden 247.174 Taunus 12m G13 und 127.942 Taunus 15m G4. Der Streifen-Taunus G13AL entstand 245.614 Mal, darunter 56.843 Taunus 12m Super mit 1,5-Liter-Motor.

Der 12m auf dem Foto parkt neben einer so typischen, zeitgenössischen Reklametafel. Sie macht Werbung für das süße Schokogetränk Kaba, das Generationen von Kindern bis heute glücklich macht.

Nun folgen vier Heckansichten, die Weltkugel quer durch die Jahre, beginnend mit dem Taunus 12m der ersten Generation mit »FK«-Emblem im Haubengriff und rechts außen liegendem Tankeinfüllstutzen (das Gerät links von ihm, das nicht weiß, ob es ein Rollermobil oder ein Kleinomnibus sein möchte, ist ein BMW 600).

Aus der Not eine Tugend machen: Die immer wieder kritisierten, außen liegenden Kofferraumscharniere betonte Ford am 15m Deluxe durch reichlich Chrom. Auch die Rückleuchtenhalterungen sind verchromt. Ansonsten sticht die Auspuffkralle als Händlerzubehör ins Auge, und am nicht zugelassenen Wagen gut zu erkennen ist die klappbare Halterung für das Kennzeichen, hinter der sich der Tankeinfüllstutzen verbirgt. Foto eines gut erhaltenen Gebrauchtwagens auf einem Ford-Händlerhof 1961.

Der Taunus 15m von 1955 mit neu gestalteten Rückleuchten, anderem Haubengriff und zwei Schriftzügen. Man sieht keinen Tankstutzen mehr, denn das hintere Kennzeichen verdeckt ihn. Rechts ein DKW Junior.

Die Letztausführung, der »Streifen-Taunus« von 1959. 12m steht drauf. Das heißt aber nicht, dass 1,2 Liter unter der Haube stecken. Ford reagierte auf die rege Nachfrage und bot wieder den 1,5-Liter-Motor an, aber 15m durfte der Wagen nicht mehr heißen. Sehr schön zu sehen: Diese Version trägt die gleichen Leuchten wie der ’55er 15m, aber umgedreht montiert. Und man sieht keine Kofferraumdeckelscharniere mehr.

Auf der Piste: Die sportlichen Taunus

Jeder ist ein kleiner Rennfahrer. In den 50ern galt das. Klein deswegen, weil er keine Rennen fuhr und keinen Rennwagen hatte. Er fuhr Touren, er hatte einen Tourenwagen. Jedes Gebrauchsautomobil ist ein Tourenwagen, denn es ist dafür geschaffen, möglichst rasch von A nach B zu kommen, und dabei sollte der Wagen nicht schlapp machen, möglichst komfortabel, robust, wartungsarm und sparsam sein, dazu geruchsneutral, nicht witterungsanfällig und obendrein sollte das Fahren Spaß machen: In den 50ern wurde in ganz anderem Maße als jemals danach Motorbreitensport betrieben, mit völlig serienmäßigen Gebrauchsfahrzeugen, auch dem Buckel-Taunus und danach der Weltkugel. Dazu musste man nicht in Clubs organisiert sein, dazu benötigte man keine Fahrerlizenz und kein für Tourenwagensport präpariertes Auto. Nur ein voll getanktes. Der ADAC und der AvD veranstalteten Zuverlässigkeitsfahrten, eher für »Sonntagsfahrer«. Natürlich auch Profis mit Werksun-

Mit dem Lieferwagen wurde nicht nur Deutschland und sein Wohlstand aufgebaut. Selbst sportlichen Ambitionen seines Gebieters musste er genügen. Hier demonstriert ein Teilnehmer der Rallye Travemünde am 8. Juni 1951 zielgenaues Bremsen auf einem 1948er Taunus Lieferwagen mit Drauz-Karosserie.

Hier geht's zur Sache: Sehr wichtig hat's der Herr, der mit altmodischen Knickerbockern eifrig um den Wagen schreitet, während die drei Kollegen eher weniger interessiert den Motor betrachten. Die Szenerie zeigt die technische Abnahme durch die Kommissare vor dem Start zur Rallye Travemünde im Juni 1951, und der Wagen ist ein Taunus Spezial 1950.

Früher Taunus als Sportler bei der Deutschen Schwarzwaldfahrt 1951. Mit zwei Starrachsen und Querblattfedern war er zwar nicht allzu komfortabel und sportlich, dafür aber dauerhaft und robust. Dem Taunus '48 folgt ein 1950er Taunus Spezial, der Wagen links ist ein Fiat 1100, hinter ihm ein Simca 8 Cabriolet.

terstützung oder engagierte Vertragshändler, deren Söhne sich austobten. Aber in erster Linie Privatiers, die Spaß am Autofahren hatten, am sportlichen Fahren, ein wenig Abenteuerlust. Die vom ADAC veranstaltete Deutschlandfahrt 1950 war die erste organisierte Langsteckenfahrt Westdeutschlands nach dem Zweiten Weltkrieg, immerhin 147 Teilnehmer gingen an den Start. Die Deutschlandfahrten waren populär, wurden wiederholt, meist um die 1800 Kilometer quer durch die Bundesrepublik mit etlichen Etappenzielen und großem öffentlichem Interesse.

Das bestand auch an kleinen Lokalveranstaltungen, die dann von den kleinteiligen Ortsvereinen des ADAC oder AvD veranstaltet wurden. Prima Werbung für Ford, wenn ein Taunus gut genug war, um im Lokalblatt erwähnt oder abgebildet zu werden, oder gar in überregionalen Zeitungen und der Fachpresse – die damals hauptsächlich aus »Das Auto Motor und Sport« und der »ADAC-Motorwelt« bestand, letztere bezog jedes ADAC-Mitglied automatisch. Alle Hersteller bis auf einen, das Volkswagenwerk, unterstützten in den frühen 50ern den Motorsport, und alle waren stolz auf die Resultate ihrer Produkte. Wer klug war, schlachtete dies aus und brachte entsprechende Broschüren mit Sporterfolgen heraus. Sporterfolge belegen die Zuverlässigkeit und Alltagstauglichkeit eines Autos, und das wünscht auch jener Käufer, dem jedwede sportliche Ambition fern ist.

Die damaligen Zuverlässigkeitsfahrten hatten auch Höchstgeschwindigkeitsabschnitte, aber in erster Linie dachten sich die Veranstalter Schikanen aus, die der Fahrer mit Köpfchen statt Gaspedal

Dasselbe Fahrzeug am Kontrollpunkt, flankiert von zwei Brüdern. Die sechs Herrschaften stellen die Besatzung der drei Ford Taunus dar, und sie palavern über die Streckenführung, die Straßenlage, über das Wetter oder diskutieren die Frage, wo man am Abend sein wohl verdientes Bierchen schlucken möge.

Hier ist schon ein bisschen mehr zu tun: Freiluft-Boxenstopp während der Sternfahrt – ob geplant oder ungeplant lässt sich aus dem Foto nicht ersehen. Klar ist aber: Die Fahrer waren keine Jungspunde, sondern teilweise grau melierte Herren.

Am 29. und 30. September 1951 fand die Deutsche Schwarzwaldfahrt statt, und am Taunus Deluxe werden die letzten Befindlichkeiten analysiert und ausgemerzt. Paul Gierke, sehr aktiv auf Buckel- und Weltkugel-Taunus und Verfasser der Ford-eigenen Rallye-Broschüre, mit seinem typischen »Abzeichen«, dem flachen Strohhut (damals auch »Kreissäge« genannt). Die Kopfbedeckung war eine Demonstration gegen die »Vettern« aus dem Rennsport mit ihren Helmen. Die Tourenwagenfahrer brachten damit zum Ausdruck, gemächlicher unterwegs zu sein.

Zwei Käfer und drei Taunus Deluxe am Etappenziel der Deutschen Schwarzwaldfahrt. Eine Ruhepause wird eingelegt, tief durchatmen, schnell einen Imbiss einwerfen, der Ölstand passt, und die fehlenden Radkappen dienen nicht der Gewichtserleichterung. Die Fahrer hatten einfach nur Angst, sie unterwegs zu verlieren. Mit Strohhut erneut Paul Gierke.

bewältigen musste, und das Auto hatte zu beweisen, dass es auf Feldwegen, an Steigungen, in schnellen Kurven, bei widrigem Wetter et cetera alltagstauglich ist. Was heute selbstverständlich klingt, sollte es damals zwar auch sein, aber die damalige Selbstverständlichkeit hatte kaum eine Tradition. Noch in den 30er Jahren waren die Fahrzeuge nicht mal »autobahnfest«, was heißen soll, ihre Höchstgeschwindigkeit war keine Dauergeschwindigkeit. Und in den 50ern begannen die Westdeutschen, mit ihren Autos erstmals richtige Fernstrecken zu bewältigen, nicht nur nach Österreich, sondern an den Gardasee, an die Adria oder nach Spanien, und das ohne nennenswerte technische Vorbereitung. Man stieg in den Wagen auf dem Weg in den Urlaub ebenso selbstverständlich ein wie jeden Morgen für die Fahrt an den Arbeitsplatz. Das wäre mit einem 30er-Jahre-Fahrzeug kaum möglich gewesen.

Dieser Taunus 12m scheint die Gesetze der Physik Lügen zu strafen. Eigentlich müsste er längst kippen. Jedenfalls prügelt ihn sein Pilot sehr dynamisch um die Kurven, ist er doch Teilnehmer der Rallye Bavaria im Herbst 1954. Dieses auf Sportlichkeit getrimmte Exemplar verzichtet auf die Radkappen, trägt dafür zusätzliche Fern- und Nebelscheinwerfer sowie verchromte Schirmchen über den Scheinwerfern.

Familienkutsche als Rennwagen: Drei Taunus 15m kämpfen bei der Ersten Internationalen ADAC-Rallye Nürnberg anno 1955 um die Plätze. Rallyes wurden damals gerne international ausgeschrieben und dann ebenso bezeichnet. Aber international waren sie nicht. Nur in den seltensten Fällen gaben sich ausländische Fahrer die Ehre. Im Gegenteil: Von den ganz großen Veranstaltungen wie der Deutschlandfahrt abgesehen, hatten die Fahrten eher Lokalkolorit.

Eine Borgward Isabella ist in eine Armada von Taunus 15m eingeklemmt. Das Starterfeld bei der Internationalen Rallye Wiesbaden am 23. Juni 1956 hat sich regnerisches Wetter ausgesucht. Der vordere 15m besticht durch eine zweifach abgesetzte Zweifarbenlackierung und professionell im Grill integrierte Nebelscheinwerfer, die bewusst leicht nach außen gerichtet sind, um die volle Fahrbahnbreite auszuleuchten.

Zu den Taunus-Stammfahrern gehörte Paul Gierke, und weil er gut schreiben konnte und überdies ein erfahrener Teilnehmer an Tourenwagenrennen auf Buckel-Taunus und 12m war, beauftragte ihn Ford mit einer Anekdotensammlung, eingebettet in die Resultate bei internationalen Veranstaltungen der Saison 1953, bei denen der 12m reüssierte. Ein unterhaltsam und zugleich informativ geschriebenes 30-Seiten-Broschürchen im DIN-A-5-Format, ganz ohne Impressum, aber von Ford-Köln verteilt und unter Taunus-Prospekt-Sammlern hoch begehrt. Darin plaudert Gierke aus dem Nähkästchen und verrät auch, wie man eifrige Sportkommissare ein wenig täuschen konnte – zum Beispiel ließ sich der Spritverbrauch auf einer 50-km-Verbrauchsfahrt »reduzieren«, indem der Fahrer zwischendurch anhielt und ein paar Kieselsteine in den Tank warf.

Auf immerhin sechs der 30 Seiten sind die 12m-Erfolge der Saison 1953 aufgelistet. Für Motorsporthistoriker ist das nicht nur aus 12m-Sicht interessant, sondern auch, weil es aufzeigt, wie viele Zuverlässigkeitsfahrten im Tourenwagensport abgehalten wurden – und es sind längst nicht alle. Ford sagt selbst, es seien nur jene, »von denen uns bekannt ist, dass Taunus-12m-Wagen an ihnen teilnahmen«, und Ford wurde nicht über jede private Beteiligung an einer Lokalfahrt unterrichtet. Die Broschüre informiert über Gold- und Silbermedaillen, aber vor allem informiert sie darüber, dass in diesem einen Jahr mindestens 30 derartige Fahrten stattfanden. Das belegt, wie wichtig privater Tourenwagensport in den 50er Jahren war. Und, dass die Weltkugel dabei gut abschnitt.

Kein Tourenwagensport, sondern Geschicklichkeitsturnier, auch eine Freizeitbeschäftigung: Ein Taunus 15m der ersten Generation (Dezember 1954 bis August 1957) bei der Internationalen Frühlings-Sternfahrt in Meran 1957. Der Fahrer beweist soeben, wie gut er die Dimensionen seines Wagens im Griff hat. Der 15m trägt etliche Plaketten im Grill. Das war eine weit verbreitete Mode, und sie kam aus Großbritannien. Dort schraubte man sich eine so genannte Badge Bar auf die vordere Stoßstange, ein schön geschwungenes, verchromtes Rohr (Bar) als Träger für die Plaketten (Badges). Diese wiederum waren entweder Souvenirs von Städten, die man bereist hatte oder von Veranstaltungen, an denen man teilgenommen hatte – quasi der Vorgänger des später verbreiteten Aufkleber-Wahns.

Die Broschüre »Erfolgreicher Taunus 12m« der Ford-Werke, Anfang 1954 herausgegeben, beleuchtet die erste Saison des 12m im Tourenwagensport, informativ und teils auch humoristisch von Paul Gierke verfasst und seinerzeit von der Ford-Werbeabteilung genutzt. Heute ein schönes Sammlerstück für Weltkugel-Enthusiasten.

KAPITEL 4

Gelsenkirchener Barock: Ford Taunus 17m P2

Nie zuvor und nie danach war ein Ford Taunus so modisch, so amerikanisch, so sehr dem Zeitgeschmack verbunden wie der Ford Taunus 17m P2. Als er 1957 erschien, traf er den Publikumsgeschmack mitten ins Herz. Er war die exakte Kopie eines amerikanischen Traumwagens, aber auf europäische Dimensionen herabgezirkelt. Das liebten die Deutschen, beim Ford ebenso wie beim zeitgleichen Opel Olympia Rekord P I, der dem selben Stil huldigte. Doch beide erlitten dasselbe Schicksal nach ihrem Produktionsauslauf 1960: Was dermaßen der

So amerikanisch war noch kein Ford. Die Form stammt aus dem Styling-Studio in Dearborn und orientiert sich am 1956er US-Ford. Die Seitenlinie nimmt die geometrische Figur des Trapezes auf und war damit Wegbereiter für den Zeitgeschmack. Weit nüchterner und mit weniger Lametta behängt, wurde die Trapezform rund zwei Jahre später international aufgegriffen (Fiat 1800, Austin Cambridge, Peugeot 404, Trabant, Nissan Cedric etc.).

Mode unterliegt, ist eben auch sehr schnell aus der Mode. 1960, als Heckflossen nicht mehr schick, sondern als veraltet galten, mochte niemand mehr den Ford P2 oder Opel P I sehen. Auf Gebrauchtwagenplätzen standen sie sich die Reifen platt. Doch beide sind Symbole der Hochphase des westdeutschen Wirtschaftswunders, das gepaart ist mit einer Vergötterung alles Amerikanischen, und weil diese »goldenen Jahre« in den 80er und 90er Jahren ein Revival erlebten, kamen auch der so genannte Barock-Taunus und der Panoramascheiben-Rekord in der Klassiker-Szene wieder en vogue. In seiner ebenso unnachahmlichen wie notorisch belehrenden Art brachte es Werner Oswald in seinem 17m-Test in der Zeitschrift Das Auto Motor Sport vom 7. Dezember 1957 auf den Punkt: »Allein die Tatsache, dass (der 17m) da ist, verfehlt in einer Zeit nicht ihre Wirkung, in der nur allzu häufig die Geltung des lieben Mitmenschen am Kaufpreis seines Autos gemessen wird.«

Großer Bahnhof für den Taunus

Schon die Präsentation gestaltete Ford zum Event. Nie zuvor hatte Köln so viel Aufhebens wegen eines neuen Modells gemacht. Aber er war eben nicht nur ein neues Modell. Der 17m war auch ein zusätzliches Modell, das die Ford-Palette nach oben erweiterte. Also, so dachte die Marketing-Abteilung, konnte gar nicht genug Trommelwirbel gemacht werden. Gitta Lind war damals ein angesagter Schlagerstar und mit TV-Star Joachim Fuchsberger verheiratet, ihr »Weißer Holunder« ist noch heute ein Evergreen des deutschen Schlagers. Ford lud sie zur Präsentation, damit sie ein eigens dafür komponiertes Lied mit dem Refrain »Fahren auch Sie den neuen Taunus, fahr'n auch Sie den 17m« sang. Jeder der am 27. August 1957 zur P2-Präsentation geladenen Gäste im Kölner Stadtwaldrestaurant bekam das Liedchen als Souvenir mit nach Hause, eine einseitig gepresste Vinyl-Schallplatte, bunt bedruckt mit einem Ford P2 als Limousine und Kombi, heute eine unter P2-Liebhabern sehr gesuchte Devotionalie – ebenso wie das ebenfalls verfügbare Miniaturauto, ein zweitüriger P2 im Maßstab 1:20 aus Kunststoff, Hersteller die Firma Ludwig Schröder aus Lüdenscheid. Die (wenigen) Einzelteile waren in einem Plastiktütchen verpackt und animierten die Jungs zur Montage.

Es hatte seit 1955 interne Entwürfe für einen 15m-Nachfolger gegeben, auch Detroit steuerte Skizzen bei, bei letzteren fiel das Fahrzeug eine Nummer größer aus mit der Begründung, der Lebensstandard der Westdeutschen steige ständig an. Schließlich obsiegte der US-Entwurf, kombiniert mit Kölner Details, und die Karosserietechnik unter Larry Boysel holte für die Konstruktion wieder die französischen Chausson-Spezialisten an Bord. Das Karosseriewachstum bedingte natürlich auch ein höheres Gewicht (letztlich sollte der 17m 125 Kilo schwerer sein als der 15m), wodurch die 55-PS-Maschine überfordert gewesen wäre. Diese ließ sich nicht aufbohren, und so konstruierte Ford nach den gleichen Prinzipien einen neuen 1698-cm^3-Motor, zwar nur fünf PS stärker, aber mit deutlich mehr Drehmoment versehen. Dennoch: Werner Oswald bescheinigte dem Motor einen »schwierigen Charakter«, weil ihm der getestete P2 behäbiger vorkam als es die ermittelten Leistungswerte erwarten ließen. Doch er relativiert: »Jedenfalls darf man mit dem, was dieser Wagen auf der Straße leistet, durchaus zufrieden sein.«

Welch ein Augenblick: Der Vorhang lüftet sich, langsam kristallisiert sich eine Form unter einer Abdeckung. Mit einem Ruck verschwindet die Stoffplane, und im Rampenlicht und Blitzlichtgewitter präsentiert sich der Taunus 17m P2 dem Fachpublikum anlässlich der offiziellen Präsentation am 29. August 1957.

Es war ein unerhörter Werbegag: Ford engagierte die damals populäre Schlagersängerin Gitta Lind zur Premiere des Taunus 17m P2 im Kölner »Stadtwald-Restaurant« und ließ sogar ein spezielles Lied komponieren. Und als Zuckerl verteilte Ford an die geladenen Gäste eine extra gepresste Schallplatte als Souvenir.

Endlich ein zeitgemäßes Fahrwerk

Ein wesentlicher Fortschritt war die neue Vorderachse mit McPherson-Federbeinen anstelle der doppelten Querlenker (wie schon seit 1950 die großen englischen Ford Consul/Zephyr/Zodiac), hinten blieb es bei der Starrachse an Blattfedern. Ein Novum waren auch erste Ansätze passiver Sicherheit, versenkte Lenkradnabe (erstmalig bei deutschen Automobilen), gepolsterte Armaturenbrettoberseite und Sonnenblenden, Drucktasten statt Zugschalter, und der Ford P2 war der erste deut-

Alles da, was Rang und Namen hat: Generaldirektor Erhard Vitger (links) und sein Verkaufschef Max Ueber (der es zehn Jahre später ebenfalls zum Generaldirektor bringen sollte) anlässlich der P2-Präsentation.

das AUTO MOTOR UND SPORT

TEST FORD TAUNUS 17 M (SAXOMAT)
ALTER VOGEL, NEUE FEDERN: CONDOR
WER RUTSCHT, HAT MEHR VOM SCHNEE

HEFT 25
7. DEZEMBER 1957
POSTVERLAGSORT STUTTGART
DM 1.50

Das Fachmagazin aus Stuttgart organisierte für das Titelbild von Heft 25/1957 sogar einen alten Buckel-Taunus, um die Kölner Evolutionslehre darzustellen.

Nach allen Regeln der Marketing-Kunst brachte Ford im Zuge der P2-Vorstellung allerlei Broschüren heraus, allesamt im DIN A 5-Format, ebenso wie die Bedienungsanleitung.

Der 1,7-Liter-Motor vermochte es, Ford aufsteigen zu lassen, von der Mittelklasse zur gehobenen Mittelklasse.

Und ewig lockt das Weib: Werbung von Sachs für den Saxomat, der im Taunus Taunomat heißt: Das »Achten Sie mal darauf…« setzt sich fort mit: »…wie oft Sie beim Autofahren die Kupplung treten müssen. Diese Arbeit erspart Ihnen die automatische Kupplung Saxomat. Sie fahren sicherer und bequemer.«

sche Wagen, der gegen Aufpreis mit Beckengurten ausgerüstet werden konnte (Zukaufteile aus Frankreich, von Bang). Angeblich orderten nur vier (!) Kunden Sicherheitsgurte. Kontraproduktiv: Standard war die Einschicht-Sekurit-Windschutzscheibe, die Zweischicht-Verbundglasscheibe kostete Aufpreis. Weitere Modernitäten am 17m P2: Erstmals hatte ein deutsches Auto zweifarbige Rücklichter, also eine orangefarbene Blinkersektion, und asymmetrisches Abblendlicht, ebenfalls fortschrittlich waren Lichthupe und Scheibenwaschanlage. Und sinnvoll ist, dass das Reserverad nicht stehend Kofferraumvolumen wegnimmt, sondern liegend unter der Kofferraumbodenplatte untergebracht ist. Dem Trend der Zeit entsprechend, reichte der Kofferraumdeckel bis runter in Stoßstangenhöhe, man musste zum Beladen also keine Dinge über eine unnütz hohe Kante hieven. Ebenfalls dem Trend der Zeit entsprach allerdings, dass der Tankeinfüllstutzen mittig hinten auf der Stoßstange angebracht war (mit einem hübschen Verschluss, geziert mit Kölner Wappen), was im Falle eines Auffahrunfalls nicht ungefährlich war.

Ein zeitgenössisches Extra und eine Konstruktion auf dem Wege zur Getriebeautomatik war der Saxomat von Fichtel & Sachs in Schweinfurt, den so mancher Hersteller für seine Wagen anbot und ihm einen Namen mit Markenbezug gab. Das ist eine automatische Schalt- und Anfahrkupplung, also eine Art Halbautomatik. Der Kupplungsfuß hat Ruhe, im Getriebe rühren durfte der Fahrer dennoch. Bei Ford hieß der Saxomat »Taunomat«, bei Opel »Olymat« und sogar der Trabant in der DDR verfügte darüber, dort hieß die Einrichtung »Hycomat« in Anlehnung an seine hydraulische Funktionsweise. Ford verlangte dafür 275 D-Mark extra und kombinierte den Saxomat sowohl mit dem Drei- als auch mit dem Viergang-Getriebe. Nochmals Werner Oswald im Auto-Motor-Sport-Test: »Dieser Saxomat arbeitet derart sauber und angenehm, daß man wohl behaupten darf, auch ein geübter Fahrer wird die herkömmliche Kupplung normalerweise nicht besser zu bedienen wissen.« Alternativ gab es, ebenfalls als Extra, einen Overdrive. Der Käufer konnte zwischen Drei- und Vierganggetriebe (letzteres mit unsynchronisiertem Erstem), jeweils mit Lenkradschaltung, wählen. Wer die Sonne hereinlassen wollte, bekam ein fast die komplette Dachlänge bedeckendes Faltschiebedach für 395 Mark.

Standard, Deluxe und jede Menge Varianten

Ford offerierte etliche Versionen, zwei- und viertürige Limousine, zweitürigen Kombi sowie auf seiner Basis den Lieferwagen mit Verblechungen anstelle der hinteren Seitenscheiben, und werksseitig bot Ford das von Karl Deutsch in kleiner Stückzahl umgebaute Zweisitzer-Cabriolet an. Alle Fahrzeuge gab es in Standard- und in Deluxe-Ausführung, Lieferwagen nur Standard, Cabriolet nur Deluxe. Die beiden unterschieden sich optisch anfangs sehr. Am wenigsten seitlich, da war es nur die Zierleiste in ihrer typischen, vom 1956er Mercury Medalist übernommenen Form, eine Kombination aus Zickzack und Schwung. Die drei Zierzacken waren beim Standard separat angebracht und leicht tropfenförmig, beim Deluxe Bestandteil der Gesamtzierleiste. Von hinten waren es neben dem »Deluxe«-Schriftzug die Heckleuchten, die beide Versionen trennten. Der Leuchtenrahmen hatte naturgemäß dieselbe Grundform, vorgegeben durch das Ende der Heckflossen. Beim Deluxe waren runde Schlusslichter von darüber angeordneten Rückfahrscheinwerfern getrennt. Der Standard hatte keine Rückfahrscheinwerfer, dafür etwas amorphe Schlusslichtgläser (deren Gestaltung sich vielleicht mit einem Schneemann oder einem Teddybär vergleichen lässt). Der größte Unterschied bestand in der Frontgestaltung. Trug der Deluxe einen breiten und nach oben bis zur Motorhaubenunterkante reichenden Alugrill, der dem Wagen eine sehr freundliche Erscheinung vermittelte, so schaute der Standard ein wenig dümmlich aus der Wäsche: vier Querstreben im unteren Bereich, darüber vier ovale »Nasenlöcher«, welche in in Wagenfarbe lackiertes Karosserieblech eingelassen waren. Zweifarbig waren beide Versionen, der Standard gegen Aufpreis und er trug seine zweite Farbe nur im unteren Flankenbereich, während beim Deluxe die beiden Farben zweifach abgesetzt waren: unterer Flankenbereich und Dach. Beim Deluxe war die Zweifarbigkeit obligat, einfarbig gab es ihn allenfalls in Schwarz als Chauffeurwagen oder Taxi (nunmehr auch viertürig, war der Ford P2 gut als Taxi geeignet). Die Felgen waren in Wagenfarbe lackiert, auf Wunsch schwarz, Weißwandreifen gehörten zur Deluxe-Ausstattung, die Radkappen beim Standard mit schwarz, beim Deluxe mit

Die Standard-Version ist im Profil hauptsächlich an den drei separat platzierten Längsschwingen in der geknickten Zierleiste zu erkennen. Beim Deluxe sind sie in den Vertikalabschnitt integriert, und dieser ist breiter.

rot ausgelegtem Ornament im Mittelteil. Eine sehr gute Idee war, die Limousine von Anfang an zwei- und viertürig anzubieten. Opel versäumte das beim zeitgleich lancierten Panoramascheiben-Rekord und musste eilig nachbessern, wodurch der hintere Einstieg geradezu lächerlich schmal und eng ausfiel, zumal die um die Ecke gezogenen Panoramascheiben sowohl dem Design als auch der Bequemlichkeit im Wege waren. Beide 17m-Versionen bekamen sehr rasch ihre Spitznamen. Der Deluxe hieß im Volksmund »Gelsenkirchener Barock« oder »Barock-Taunus«, was zwar nicht wertfrei, aber auch nicht negativ ist. Dem Standard widerfuhr Übleres, er wurde als »Niehler Nacktarsch« beschimpft.

Beim Standard dominieren vier Längsstreben plus, darüber angeordnet, vier ovale Lufteinlässe das Gesicht. Der abgebildete Wagen nimmt beim ADAC-Geschicklichkeitsturnier 1957 teil, und sein Eigentümer hat die Front mit vielen Plaketten geschmückt.

Ein viertüriger P2 Standard mit voll beladenem Gepäckträger inklusive zusammenklappbarem Kinderwagen verlässt den Niederflurwaggon der Gotthard-Bahn. Eine Borgward Isabella schickt sich an, ihm dies nachzutun.

Das Heck der frühen Standard-Version: Sie besitzt relativ einfache und einfarbige Rückleuchten, während der Deluxe eine zweifache Rücklicht-Einheit hat: Runde, zweifarbige Rücklichter und darüber angeordnete Rückfahrscheinwerfer. Beim Standard ist das Gehäuse in Wagenfarbe lackiert, beim Deluxe verchromt. Die Rückleuchten des Standard fanden ebenso wenig allgemeinen Beifall wie die zerklüftete Front. Bereits im Februar 1958 reagierte Ford auf die Kritik und spendierte dem Standard-Modell die Frontgestaltung sowie die Rückleuchten (aber ohne Rückfahrscheinwerfer) des Deluxe. Fotos eines P2 Standard am Ortsrand von Lohberg in der Oberpfalz 1963.

Der Kombi, der noch nicht Turnier hieß, entstand am Kölner Fließband. Eine hoch elegante Erscheinung, ein Design wie aus einem Guss, und interessanterweise teilte er sich das zweite Seitenfenster mit dem hinteren Seitenfenster der Zweitürer-Limousine. Der Kombi Deluxe trug serienmäßig eine horizontal zweigeteilte Heckklappe, bei welcher der obere Teil, also das Rückfenster, nach oben aufschwang und der untere Teil unten angeschlagen war und somit nach unten wegklappte. Das diente der Laderaumerweiterung, bot aber auch beim Picknick zwei überdachte Sitzplätze. Konstruiert, quasi erfunden, hatte diese Art der Heckklappe der Brite Gerry Coker, zu seiner englischen Zeit Schöpfer

Ein früher Deluxe, erste Serie ab Herbst 1957, mit seinem freundlichen Blick. Die überschirmten Scheinwerfer sorgen nicht nur im Profil für den Trapez-Look, sie konzentrieren auch den Lichtstrahl.

Taunus 17m P2 Deluxe in der ersten Version, aufgenommen als bereits etwas altmodischer aber offenkundig gut gepflegter Gebrauchswagen im Sommer 1964 in Stuttgart. Beim P2 hatte man wenigstens genügend Platz, um ein D-Schild anzubringen. Einfarbige Deluxe blieben selten.

Bei der ersten Serie des P2 war die Zweifarbenlackierung nicht zwangsläufig mit weißen Flanken und weißem Dach kombiniert, wie bei der zweiten. Im Bild ein Taunus Deluxe zwischen Februar 1958 und August 1959, umgeben vom automobilen Alltagsspektrum seiner Zeit: Streifen-Taunus 12m, 12m Kombi, Taunus 17m P3, zwei Volkswagen sind zu erkennen, ein Rekord P II zeigt seine Schnauze.

B·VP 93

Winterurlaubsszene aus Diavolezza in Graubünden 1958 mit einem brandneuen zweitürigen 17m P2 Deluxe. Wer sich diesen Wagen leistete, war damals schon nahe am Mercedes.

Karl Deutsch nahm sich selbstverständlich auch des Taunus 17m P2 an und kreierte ein traumhaft schönes Cabriolet mit zwei hinteren Notsitzen auf Basis der zweitürigen Limousine. Wenige Exemplare wurden gefertigt, die Umbaukosten beliefen sich auf rund 4000 D-Mark. Dafür bekam man 1957 auch einen Volkswagen Standard.

Ein Deutsch-Cabriolet, nicht auf ein offizielles Werbefoto gebannt, sondern ganz einfach auf der Straße parkend gesehen. Der Wagen scheint gepflegt zu sein, ist aber nicht perfekt. Von seinem Alltagseinsatz zeugt nicht nur die Beule am Türschweller, sondern vor allem die Tatsache, dass dieses Cabriolet bei Regenwetter offenkundig im Freien leben muss. Bemerkenswert sind die einfarbige Lackierung trotz Deluxe-Ausstattung (sicherlich nicht der Erstlack) sowie die beiden Talbot-Zusatzspiegel auf den Kotflügeln. Das Kölner Wappen an den Vorderkotflügeln suggeriert die Letztausführung, den P2-F. Aber vom P2-F gab es kein Deutsch-Cabriolet mehr. Also wurde das Wappen nachträglich platziert.

Der freie Parkplatz links vom 17m P2 Kombi in Standard-Ausstattung (Version Februar 1958 bis August 1959) macht es dem Fotografen leicht, sein Bild zu schießen. Umgeben ist er von den obligaten Volkswagen, im Vordergrund die sinnlichen Rundungen eines Karmann Ghia, hinten eine Borgward Isabella.

der hinreißenden Karosserie des Austin-Healey 100 und Healey Sprite , dann bei Ford in den Staaten, für deren Station Wagons er die zweigeteilte Heckklappe entwarf. Vor allem Gewerbetreibende wollten aber eine einteilige Hecktüre, die lieferte Ford nur beim Standard. Die Türe war links an zwei groben, außen liegenden Scharnieren angeschlagen und hatte rechts einen Griff, welcher identisch zu den Türgriffen war. Das Heckfenster war deutlich kleiner. Eine eher traurige Lösung, die zur Eleganz des Wagens nicht passen wollte und obendrein, durch die Scharniere links und den Griff rechts, nicht symmetrisch aussah. Obgleich der Kombi als Fahrzeuggattung in den 50ern noch als reines Handwerkerauto galt und noch lange nicht als Lifestyleprodukt am Markt platziert werden konnte, warb Ford schon damals für den Deluxe Kombi: »Für Sport, Beruf und Große Fahrt« (im 1958er Verkaufsprospekt) und bezeichnete ihn als »Groß-Reisewagen«. Da war Ford also seiner Zeit weit voraus.

Allgemein wurde der P2 sehr gut aufgenommen und rundweg gelobt, gute Fahreigenschaften, schöne Ausstattung, technisch auf der Höhe, optisch natürlich auf dem Olymp, der Motor vielleicht etwas rau. Ford hatte mit dem P2 zur rechten Zeit das rechte Auto gebracht und vor allem sein Programm erweitert. Nach wie vor gab es den 12m/15m, zusätzlich nun den 17m, und in dieser Klasse hatte Erzkonkurrent Opel eben nur einen Wagen, den Olympia Rekord P I, den es zwar auch als 1500er und als 1700er gab, aber eben nur in einer Modellreihe. Ford war mit dem P2 aufgestiegen, nicht um eine ganze Klasse, aber um

Die unterschiedlichen Arten, sich Zugang zum Ladeabteil zu verschaffen: Beim Standard-Kombi war die Hecktüre einteilig und links an zwei groben Scharnieren angeschlagen, rechts ein Öffnungsgriff, das Heckfenster klein. Wo beim Deluxe die Rückfahrscheinwerfer eingelassen sind, oberhalb der Schlusslichter, trägt der Standard lediglich Blechblenden.

Fast noch amerikanischer als die Limousine sieht der Kombi aus, vor allem als Deluxe mit der horizontal geteilten Hecköffnung, damals eine Novität auf dem deutschen Markt, in Frankreich zeitgleich beim Simca Vedette Marly eingeführt, der ebenfalls eine Ford-Konstruktion ist.

Beim Deluxe serienmäßig, für den Standard aufpreispflichtig: die horizontal zweigeteilte Heckklappe mit wesentlich größerem Heckfenster, alles symmetrisch, weil scharnierlos und mit Mittelgriff. Nettes Detail an diesem konkreten Wagen: Links trägt er die originale Leuchteinheit mit Rückfahrscheinwerfer, rechts ein Ersatzteil vom Standard-Modell mit Verblechung.

eine halbe. Galt ein 1500er damals als zur Mittelklasse gehörig, so war der Ford P2 durchaus obere Mittelklasse. 1958 kostete ein viertüriger Deluxe 7870 Mark, ein Mercedes 180 kam auf 8760 Mark. 890 Mark Unterschied, das war nicht die Welt. Das einzige, was den Ford-Verantwortlichen auf den Magen schlug, war die Tatsache, dass die schlichte Standard-Version hinter den Verkaufserwartungen zurück blieb. Die Kunden votierten eher zum teureren Deluxe (DM 540,- teurer beim Zweitürer und Kombi, DM 600,- Aufpreis beim Viertürer).

Im Auftrag der Krone

Der neue Vorstandsvorsitzende Andrews gab ein neues Firmenornament in Auftrag, geschmückt mit drei Kronen als Symbol für die Heiligen Drei Könige in Köln. Das sollte über Jahre Bestand haben und schmückte als erstes den P2, aber erst in seiner zweiten Bauserie. Zuvor aber wurde der Basis-Ford aufgewertet: Nach nur sechsmonatiger

Ein Nutzfahrzeug darf und kann auch elegant sein. Das beweist der Taunus 17m Lieferwagen, nur in Standard-Version angeboten, Version Februar 1958 bis August 1959. Er spielte in Deutschland kaum eine Rolle, wurde aber erfolgreich in Länder exportiert, in denen derartige Wagen Steuervorteile genossen.

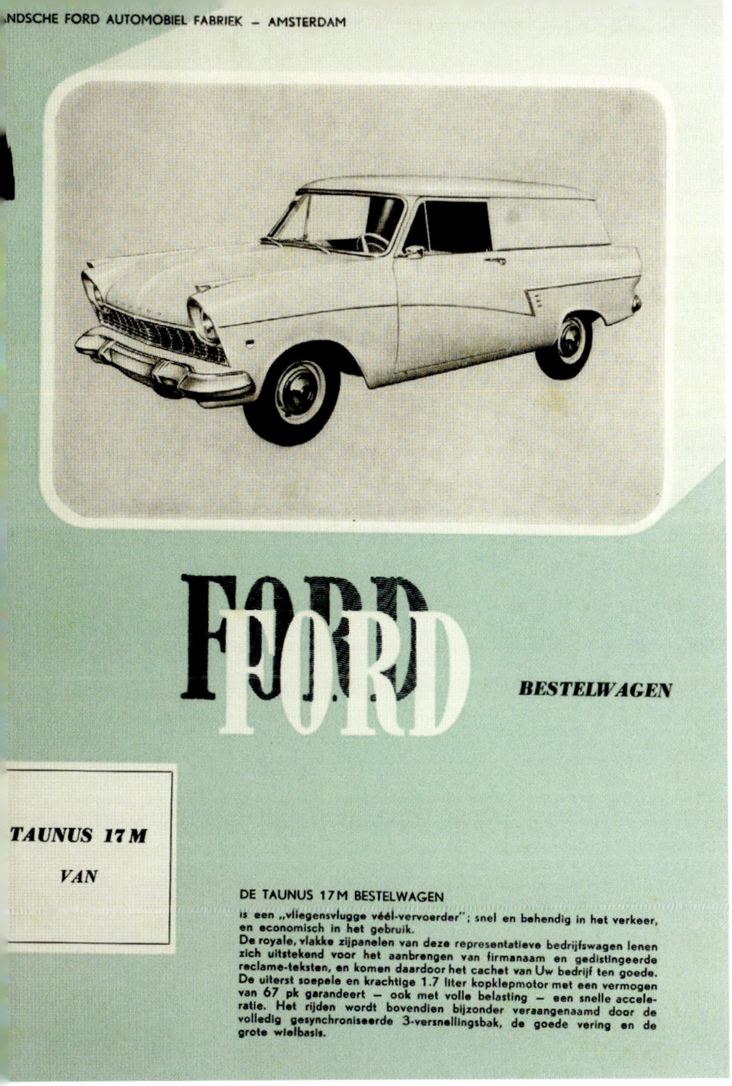

Zum Beispiel in den Niederlanden, Ford-Amsterdam druckte extra für ihn einen Prospekt. Version September 1959 bis August 1960.

Im Februar 1958 bekam der Standard die Frontzier und die Heckleuchten des Deluxe. Einträchtig parken hier zwei automobile Inkarnationen der zweiten Hälfte der 50er Jahre nebeneinander, und die besten Vertreter der Stilrichtungen aus zwei Welten. Die beiden Hersteller mit US-Wurzeln, Opel und Ford, orientierten sich nicht nur am US-Geschmack, ihnen wurde das Styling ihrer Fahrzeuge sogar aus den jeweiligen Designzentren in Detroit vorgegeben. Der direkte Konkurrent, Borgward, wurde vom Firmeninhaber Carl F. W. Borgward selbst gezeichnet. Das war der deutsche Stil der Zeit. Das hinreißend schöne Isabella Coupé erschien im Januar 1957 (der Ford im September). Die Isabella im Bild ist eine frühe Version mit großem Rhombus im Grill, ab Mitte 1958 wurde er verkleinert.

P2 Standard Kombi in seiner ersten Version September 1957 bis Februar 1958, aufgenommen 1959 vor dem Verkehrshaus in Luzern. Die kleine Lok vorne ist die Dampflokomotive E 2/2 Nr. 11 der Gotthardbahn, Baujahr 1881, die hintere ist eine SCB (Schweizerische Centralbahn) Ed 2x2/2 Nr. 195, Baujahr 1893, die von 1959 bis 1974 im Verkehrshaus stand und dann wieder betriebsfähig aufgearbeitet wurde.

Ein Taunus 17m P2 Standard, die überarbeitete Version ab Februar 1958: Im Profil unterscheidet er sich vom bisherigen Modell nur durch den Zusatzchrom an der C-Säule. Dieser Wagen trägt Weißwandreifen und ein großes Faltschiebedach.

Bauzeit wurde der 17m P2 in seiner Standard-Ausführung modifiziert und glich sich gefährlich der Deluxe-Version an. Er bekam den Deluxe-Grill ohne jeden Unterschied, er erhielt auch die runden Deluxe-Rückleuchten, nicht aber die Rückfahrscheinwerfer. Deren Platz wurde von einem schnöden Metallplättchen verschlossen. Abgesehen von der Art, wie die Zweifarbenlackierung abgesetzt wurde, unterschieden sich Standard und Deluxe ab Februar 1958 auf den ersten Blick nur noch durch die unterschiedliche Seitenzierleiste. Die frühen P2-Standard-Modelle blieben extrem selten und gerieten rasch in die Vergessenheit. Heute ist ein früher P2 Standard eine große Rarität.

Für sein letztes Modelljahr 1960 erfuhr der P2 ab September 1959 ein paar eklatante Verbesserungen und hieß intern P2-F. Auf der 1959er IAA drehte er sich, der modifizierte 17m, und er war niedriger, um 30 Millimeter. Denn die Dachhaut war weniger gewölbt und obendrein nach hinten wie ein Schirm über die Heckscheibe gezogen, was den Pavillon optisch noch mehr streckte und mehr Kopffreiheit für die hinteren Passagiere mit sich brachte – plus ein Stahlschiebedach anstelle des bisherigen Faltdachs. Zudem war der Dachhimmel fortan aus weißem, perforiertem Kunststoff und nicht mehr aus Stoff. Dazu Ford sehr euphorisch im 1959er Verkaufsprospekt: »Der schmutz-, staub- und rauchabweisende Wagenhimmel besteht aus einem neuen Material, das die Farbe der Polster reflektiert.« An den Vorderkotflügeln vor den Radausschnitten prangte das neue Ford-Emblem, vergoldet und rot/weiß ausgelegt, und die Radkappenmittelteile waren nun bei beiden Ausstattungsversionen rot lackiert. Sie zeigten nicht mehr die beiden verschlungenen Ovale mit dem »F-K«-Emblem, sondern ein geschwungenes »F«. Ein neuer Zylinderkopf sorgte für ruhigeren Motorenlauf. Im letzten Modelljahr gab es kein Deutsch-Cabriolet mehr. In dieser Form wurde der P2-F bis August 1960 gebaut. Produktion insgesamt zwischen August 1957 und August 1960: 239.978 Fahrzeuge, darunter 45.468 Kombis. Sein Nachfolger, die so genannte Badewanne, brach radikal mit dem Styling des P2.

Die überarbeitete Version von September 1959 bis August 1960, intern P2-F genannt. Ihre Merkmale: das um drei Zentimeter flachere Dach, der Vorsprung über der Heckscheibe, ein Kunststoff-Dachhimmel, neuer Zylinderkopf, höhere Verdichtung, das optionale Stoff-Schiebedach wich einem Stahlschiebedach. Das Foto zeigt die zweitürige Standard-Limousine, und ein ekstatischer Pudel bemüht sich erfolgreich, mit seinen Krallen die Beifahrertüre zu malträtieren. Pudel waren zu Zeiten des P2 absolute Mode- und Luxushunde und trugen ihr Fell auf teilweise bizarre Art geschoren.

Ein Standard-P2-F mit einem Zubehörteil: Der Wagen hat keine Weißwandreifen, sondern weiße Kunststoffblenden, kombiniert mit Radzierringen. Diese wiederum wurden von den Serien-Radzierkappen gehalten und gaben ihrerseits den Plastikringen ihren Halt.

Viertüriger P2-F Deluxe, 1964 im Allgäu aufgenommen. Schön zu sehen, wie groß die Lenkräder damals waren.

Stau 1960 auf der A8 bei Mannheim. Der Ford Taunus 17m P2 Deluxe ist brandneu, denn er trägt bereits das flache Dach und das sichtbare Kölner Wappen seitlich am Vorderkotflügel, ihm folgen ein Volkswagen und eine Lloyd Arabella. Der Haubenlastwagen mit Kühlkofferaufbau auf der rechten Spur ist interessant. Der Berliet war nur vermeintlich ein seltener Anblick auf deutschen Straßen, erkennbar ist nämlich die FFA-Beschriftung. Das bedeutet »Forces Françaises en Allemagne«, also französische Streitkräfte in Deutschland, und er gehört somit einer im Südwesten stationierten, französischen Militärbehörde. Ebenfalls zu lesen ist das Wort »Viandes« oberhalb der Windschutzscheibe. Das heißt Fleisch und sagt uns, was der Berliet transportiert.

Absolute Kopie des amerikanischen Zeitgeschmacks: das Interieur eines zweitürigen P2-F Deluxe 1959/60, zweifarbig, die Farben harmonieren mit der Zweifarbigkeit außen, die Türoberseiten sind nicht verkleidet, sondern lackiert.

Was man Ende der 50er Jahre geliebt, für teures Geld gekauft und lange gepflegt hatte, verrottete spätestens in der dritten Hand. Die Rostvorsorge der 50er-Jahre-Wagen war schlecht gewesen, die Ingenieure hatten die konstruktiv bedingten Hohlräume der selbst tragenden Karosserien noch nicht richtig im Griff gehabt – dass diese Autos überhaupt so lange überlebten, war alleine ihrem verhältnismäßig dicken Blech geschuldet. Bald saß der Gammel tief, der Rost brach durch, Beulen taten ein Übriges, der Innenraum war verwohnt. Ford Taunus 17m P2 Deluxe, Version 1957 bis 1959, am Ende seines Lebens.

Je nach Klima lebten die 50er-Jahre-Autos länger – auch, weil sie für Menschen in anderen Kulturkreisen wertvoller waren. Schwarzer P2 als Alltagswagen in Griechenland 1982...

... und 1993 in Marokko, bewacht von einem sympathischen Herrn. Von Originalität kann keine Rede sein, aber wie ein treuer und braver Soldat erlebt und erduldet der P2 seinen Alltag, weit vom Gnadenbrot des Liebhaberfahrzeugs entfernt.

AUF ZICKZACK-KURS: DIE ZIERLEISTE WIRD STILBILDEND

Die Flankenzierleiste schindete gehörig Eindruck. So zackig, so knackig, so optimistisch, selbstbewusst und forsch. Sie verkörperte Amerikanismus pur und all das, was der Wirtschaftswunderdeutsche selbst gerne darstellen wollte. Zu kurz war ihre Lebenszeit, zu kurz die Mode, als dass ein anderer Großserienhersteller ihrer Ausdruckskraft hätte nacheifern können. Aber die Do-it-yourself-Autoverschönerer, die Karosseriebauer, sie nahmen sie gerne her, um ihre Kreationen stilistisch auf die Höhe der Zeit zu hieven.

Das Vorbild für die Zick-Zack-Leiste: Sie trug der '56 Mercury Medalist, hier als two door Saloon, das Einstiegsmodell in die Mercury-Full-Size-Baureihe.

Ein kleiner Lloyd. Ein bescheidener Lloyd. Sein Eigner wollte mehr scheinen als sein, gönnte ihm eine Neulackierung ganz im Stile des P2 Deluxe und verpasste ihm auch dessen Zierleisten: Ich bin ja schon soooo groß...! Aufnahme 1959.

Halboffiziell ist dieses Fahrzeug, eine werksinterne Farbstudie der Auto-Union für den DKW Junior, vorgestellt 1960 zusammen mit dem 25.000sten Junior. Der Schwung der Leiste ist anders, aber dennoch ist offensichtlich, woran sie sich orientiert.

1926 machte sich der Schlossermeister Josef Voll in Würzburg-Heidingsfeld selbständig und legte den Grundstock für die spätere Karosseriefabrik. Sein Sohn Georg stellte vom großen Handwerksbetrieb auf industrielle Fertigung um. Das Foto zeigt Georg Voll am Steuer eines einmaligen Coupés. Das war sein 1958 angefertigtes Meisterstück. Die Basis bildet ein DKW 3=6, die Form des Dachpavillons orientiert sich an italienischen Vorbildern (oder am VW Karmann Ghia), und die Seitenzierleiste entlieh sich Voll vom Ford Taunus P2.

B-CV 584

KAPITEL 5

Die Verkaufszahlen hoch: Mit der Badewanne einen Schlager gelandet

Dazu kam sogar Henry Ford II angereist: In der Bonner Beethovenhalle wurde am 10. Oktober 1960 der Ford Taunus 17m P3 vor Journalisten und Händlern präsentiert. Die Arbeiten an ihm hatten begonnen, als der Vorgänger gerade auf den Markt gekommen war. Sein Styling war deutsch, stammte aus der Kölner Designabteilung, die Wesley P. Dahlberg, ein schwedischstämmiger Amerikaner, seit April 1958 leitete. Zu seinem Assistenten stieg Uwe Bahnsen auf; er gilt als »Vater« des P3.

Das P3-Styling kam nicht aus dem Nichts, sondern orientierte sich an den rundlichen Formen des 1959er Ford Falcon und des 1960er Fullsize-Ford Fairlane/Galaxie. Waren diese aber nur andeutungsweise rundlich, so war am Taunus 17m P3 alles oval gehalten: der eigentliche Karosseriekörper ebenso wie seine Attribute, die Scheinwerfer, die rückwärtige Zier als geripptes Metallband, Variationen des Oval trugen der Kühlergrill und das Armaturenbrett, und was nicht oval war, war rund oder rundlich, und am rundesten waren die Heckleuchten. Das war für den amerikanischen Geschmack äußerst fortschrittlich, eiferte dem US-Design nicht nach, sondern schien ihm vorauszueilen, und für Europa war es eine Sensation. Vieles am Taunus P3 war bei einem europäischen Wagen damals einmalig: ovale Scheinwerfer, gewölbte Seitenscheiben, die dreifach, also auch ins Dach hinein gewölbte Windschutzscheibe mit riesiger Glasfläche, der relativ niedrige Karosseriekörper mit einem ungewohnt hohen und somit Licht durchfluteten Pavillon, die formal in die Karosserieform integrierten Stoßstangen und Vorderblinker. Die breite Chromeinfassung der Windschutzscheibe, die kompletten A-Säulen bedeckend, waren nicht nur glänzende Mode, sondern sorgten dafür, dass es keine Luftverwirbelungen an den seitlichen Regenrinnen gab, was wiederum geringere Windgeräusche mit sich brachte. Die Schweizer »Automobil Revue« bezeichnete in ihrem ersten Test vom Oktober 1960 die Karosserieseitenflächen als »fischbauchförmig«. Ebenfalls ein stilistisches Novum waren die Stoßstangen, völlig in die Karosserieform integriert, seitlich in die Bügelfalten der Kotflügellinie einmodelliert und vorne in spitz zulaufenden Blinkern mündend (warum Ford keine ebenso gezeichneten hinteren Blinker erschuf, blieb damals die meist gestellte Frage der Betrachter). So individuell war noch kein Ford zuvor gewesen. Selbst ein automobiler Ignorant, der den Wagen zuvor in der Zeitung gesehen hatte, vermochte, ihn auf der Straße zu identifizieren. Dahlberg hatte, zusammen mit Bahnsen, einen genialen Entwurf zu Papier gebracht, einen einmalig gestalteten Ford.

Oval ist die Linie der Vernunft

Die Ford-Marketingabteilung ersann für den Taunus 17m P3 den Slogan der »Linie der Vernunft«, und die Käufer, die sich selbst natürlich als vernünftig sehen, kauften den Ford P3 gerne. Sogar lieber als den zeitgleichen Opel Rekord P II, mit dem Opel ebenfalls mit der Panoramascheiben-Mode brach, aber einen eher hochbeinig-staksigen und weniger inspirierten Entwurf kreierte. Erstmals schaffte es Ford mit dem P3, Opel in der Rangordnung der meist verkauften Wagen in Westdeutschland zu überflügeln und schob sich hinter Volkswagen auf Rang Zwei. Auch im Export, beispielsweise nach Frankreich, hatte der 17m die Nase vor dem Rekord. Der USA-Export wurde nur deshalb eingestellt, weil Ford mit dem Produzieren kaum mehr nachkam. Die Amerikaner durften statt eines deutschen Ford nun bei ihrem Lincoln-Mercury-Händler einen englischen Cortina kaufen. Den Spitznamen »Badewanne« trug der P3 international, im englischsprachigen Raum hieß er »Bathtube«, die Franzosen sagten »Baignoire«.

Die neue Zeit, die neue Strömung, das neue Gesicht. Ford-Verkaufschef Max Ueber prägte den Slogan von der »Linie der Vernunft«, die Kölner Stylingabteilung unter der Ägide des US-Designers Wesley P. Dahlberg schuf sie und das europäische Publikum liebte sie. Der Slogan war ja auch gut! Wer wollte sich in einer technik- und vernunftgeprägten Zeit schon nachsagen lassen, er sei nicht vernünftig? Ungewöhnlich: Rote Felgen am weißen Fahrzeug.

Auch die Kombiversion des P3 verband Zweckmäßigkeit mit großer Eleganz, war also kein reines Handwerkerauto, sondern wieder ein auf europäische Dimensionen reduzierter Station Wagon. Diesmal bekam der 17m als Kombi ein eigenes mittleres Seitenfenster, das er nicht mit der Zweitürer-Limousine teilte. Erneut gab es zwei Möglichkeiten der Hecktürgestaltung: die einteilige, links angeschlagene Türe mit offen liegenden Scharnieren und Griff auf der rechten Seite (wie beim P2 Kombi in Standardversion) sowie die luxuriösere Alternative. Bestand diese beim P2 noch aus einer zweiteiligen, horizontal geteilten Klappe, so setzte der P3 Kombi auf eine neue Technik: Der untere Teil unten angeschlagen und nach unten klappbar (wie beim P2 Deluxe Kombi), und die rahmenlose Heckscheibe ließ sich an einem runden, außen liegenden und verschließbaren Drehknopf herunterkurbeln und verschwand im unteren Bereich der Klappe. Wer den P3 Kombi als reines Handwerkerauto nutzen wollte, bekam verstärkte hintere Federn und größere Reifen, die Nutzlast betrug dann 510 statt 325 Kilo. Ein neuer Name für den Kombi: »Turnier«, und Ford hält an dieser Bezeichnung bis heute fest, während Opel auf seinen traditionellen Namen Caravan seit 2009/10 verzichtet und auf »Sports Tourer« umschwenkte.

Das Oval kam weder aus dem Nichts noch war es die Inspiration Kölner Designgenies. Das Oval wurde milde durch die »Corporate Identity« vorgegeben und am 1960er Full-Size-Ford vorgemacht, weniger stark ausgeprägt und noch mit Heckflossen garniert. Im Bild das Topmodell der Kombi-Baureihe, der Country Squire mit Holzimitat an der Flanke. In der Rangordnung abwärts geht es mit Country Sedan (der Wagen, mit dem der Handlungsreisende die USA von West nach Ost durchquerte) und Ranch Wagon (das war dann die Version, mit der ein Farmer zur Not Heuballen transportierte).

Aus dieser Perspektive wird überdeutlich, woher die »Badewanne« ihren Spitznamen hat. Und die damalige Massengeschmacksfarbe Weiß korrespondiert überdies mit der Keramik im Badezimmer. Die war damals auch weiß.

Das Heckblech wurde in der Grundausführung von einer umlaufenden Zierleiste gesäumt, was kurioserweise viele Jahre später am Capri keinen Deut anders verwirklicht wurde.

Der seitliche Karosserieabschluss ist vorne und hinten gleich, dennoch verzichtete Ford zunächst darauf, die Rücklichter am Turnier analog zu den Vorderblinkern zu gestalten und setzte auf eine Lösung, die sich in der Praxis, vor allem im Export, als problematisch erweisen sollte. Die Rücklichter wurden in die vorspringende Dachkante integriert, befanden sich also an unorthodoxem Platz. Dies hatte natürlich den Vorteil, dass in Kolonnenfahrt ein Ford P3 Turnier nicht nur vom folgenden Fahrer gesehen wurde, sondern auch der diesem Folgende durch die Scheiben des voraus fahrenden Autos die Rücklichter erkennen konnte. Dieser progressive Ford-Schritt wurde eher mit Kopfschütteln zur Kenntnis genommen. Für den Export musste Ford tricksen, und dieses Provisorium erkannte man auf den ersten Blick: Auf die hinteren Kotflügel wurden Rücklichter aufgepflanzt, die in einem stromlinienförmigen Gehäuse saßen. Die oberen Serienrückleuchten wurden abgeklemmt. Das sah unmöglich aus und konnte nur eine Übergangslösung bleiben. Auf der IAA 1961, auf der auch der 17m TS präsentiert wurde, zeigte Ford den hinten modifizierten Turnier und tat das, was der Zeitgeist von Anfang an gefordert hatte: Die Rücklichter wurden in die hinteren Kotflügel integriert, analog zu den vorderen Blinkern, und mündeten in den hoch gezogenen Stoßstangenecken. Die Leuchten im Dachvorsprung wurden eliminiert. Jetzt sah der Wagen von hinten ausgewogen und gut aus.

Nun hieß er offiziell Turnier. Auf der IAA im September 1961 präsentierte Ford den neuen Kombi, der sich nicht mehr das zweite Seitenfenster mit der Zweitürer-Limousine teilen musste wie beim P2. Ungewöhnliche Heckgestaltung: Der Turnier hatte eine sehr amerikanisch anmutende Heckklappe, nicht mehr horizontal zweigeteilt wie beim P2, sondern unten angeschlagen. Die rahmenlose Heckscheibe konnte komplett versenkt werden. Das gefiel so manchem konservativen Käufer nicht, und so bot Ford auch eine einteilige Hecktüre an, links angeschlagen und mit rechtem Griff versehen, wie hier im Bild. Das war aber eher selten. Ebenfalls unkonventionell: Die an den Dachrand eingearbeiteten Heckleuchten.

Der Hecktürgriff erinnert an denjenigen am heimischen Kühlschrank, und das linksseitige Scharnier wirkt sehr grob. Der 1980 in Norwegen fotografierte Wagen trägt den Heckschriftzug »17m Super«, auf manchen Exportmärkten das Indiz für die 1,7-Liter-Maschine.

Eine österreichische Impression mit Käfer, Mercedes O 321 H Reisebus und 17m Turnier. Dieser Wagen ist mit der zweiteiligen Heckklappe versehen, oben großes Fenster, auf dem Blech der runde Griff zum Herabkurbeln der Heckscheibe. Seine originalen Heckleuchten sind abgeklemmt, er trägt die aufgepflanzten Export-Zusatzrücklichter.

Unharmonisch wirken diese nachträglich angebrachten Leuchten aus jeder Perspektive. Ihre Form ist konstruktionsbedingt, im Lampentopf sitzt die Technik, und dieser ist konsequent strömungsgünstig gestaltet. Dieser Exportwagen ist in Paris zugelassen.

Von 1870 bis 2004 waren die Christian Miesen Fahrzeug- und Karosseriewerke in Bonn in Familienbesitz. 1871 baute Christian Miesen seinen ersten pferdebespannten Krankenwagen, 1905 die erste automobile Ambulanz und spätestens seit der Ersten Weltkrieg ist Miesen auf dieses Genre spezialisiert. Miesen war und ist eher der Marke Mercedes verbunden, arbeitete aber auch auf anderen Chassis. Die fließenden Linien der „Badewanne" brachten die Miesen-Formgestalter in Harmonie zum ebenfalls rundlichen „Ecoline"-Krankenwagenaufbau.

Das ganze automobile Spektrum der frühen 60er Jahre auf einen Blick erhaschte der Fotograf, als er im Frühjahr 1962 aus der zweiten Etage des Münchner Rathauses auf den dahinter gelegenen Marienhof blickte. Drei Ford P3 sind zu sehen, recht prominent ein Turnier mit Werbeaufschrift im hinteren Seitenfenster auf Stellplatzsuche, und auch darüber hinaus freut sich das Auge über die alltäglichen und nicht alltäglichen Schätze in der Münchner Innenstadt. Besonders bemerkenswert das Vorkriegs-BMW 327 Coupé in der Bildmitte, zum damaligen Zeitpunkt bereits ein Vierteljahrhundert alt. Erstaunlich ist die geringe Zahl an Volkswagen, Mittelklassefahrzeuge dominieren, die großen BMW-Limousinen dürfen in der Isar-Metropole natürlich nicht fehlen. Man sieht an den Autos durchaus, dass München schon damals eine Großstadt war, in der verhältnismäßig viele wohlhabende Leute lebten.

So sehr der P3 über den State of the Art im amerikanischen Design hinaus ragte und so weit er sich vom bisherigen P2 entfernte, der sich genau auf dem Zenit des (damaligen) US-Designs bewegt hatte, so sehr orientierte sich Uwe Bahnsen im Inneren am momentanen US-Geschmack: Das Lenkrad (nach wie vor geschüsselt, aber kleiner als beim P2) und die Armaturenbrettoberkante farblich auf die Innenausstattung abgestimmt, helles Interieur, stets mehrfarbig, in die Stoffe eingewebte, farbige Lurex-Fäden (Garn mit metallischem Glanz dank Aluminium-Partikeln). Innen war durch die bauchige Form viel Platz, auch in der Breite, man konnte sogar vorne bequem zu Dritt sitzen. Es blieb bei der vorderen Sitzbank, beim Zweitürer mit in der Neigung verstellbaren Einzelklapplehnen.

Das technische Layout blieb bestehen, wenngleich nahezu alles neu konstruiert wurde, und zwar unter der Prämisse der Gewichtsersparnis. Und der Wartungsvereinfachung: Der Ford P3 musste nicht mehr abgeschmiert werden, so manches Metallgelenk wurde aus Kunststoff gefertigt. Zunächst blieb es beim 60-PS-Motor aus dem Taunus 17m P2. Parallel wurde das 55-PS-Aggregat aus dem Taunus 15m geliefert, denn der P3 war gegenüber dem Vorgänger um 100 Kilo leichter geworden, sodass der kleinere Motor durchaus ausreichte. Der P3 rutschte unter die Eintonnen-Grenze, der Zweitürer wog 940 Kilo, der Viertürer 20 Kilo mehr und selbst der Turnier blieb bei unter einer Tonne. Wahlweise Drei- oder Viergang-Getriebe (letzteres nun mit synchronisiertem erstem Gang), Saxomat wie bisher gegen Aufpreis. Die Fahrleistungen wurden nur gelobt, agil, bequem, sicher sei der Ford, lautete das Verdikt der Fachleute.

Die holländische Firma Kemper en Van Twist Diesel N.V. stattete den P3 mit einem 48 PS starken 1,6-Liter-Perkins-Dieselmotor aus und montierte das Perkins-Abzeichen in den Kühlergrill. Dieser Motor war auch im zeitgleichen Opel Rekord zu haben. Kunden waren hauptsächlich Taxifahrer.

Bekannte Varianten

Das Modellprogramm orientierte sich am Vorgänger mit zwei- und viertüriger Limousine sowie Turnier, den es auch als Lieferwagen mit Verblechungen anstelle der hinteren Seitenscheiben gab. Erneut produzierte die Karosseriefabrik Karl Deutsch ab Herbst 1961 in kleiner Stückzahl zweisitzige Cabriolets, auch mit Hardtop. Das Deutsch-Coupé mit hinterer Panoramascheibe (Dachpartie im Stile des Fiat 2300 S Coupé von Ghia) gab es nur in homöopathischen Dosen (man sagt, sieben Stück), das »Sportolet« von Karl Bauer in Köln blieb ein Einzelstück, Präsentation IAA 1961, verschrottet 1966. Bei ihm ließ sich das Coupé-Blechdach an 24 Gelenken versenken, der Wagen wurde zum Cabriolet verwandelt – also in der Art des amerikanischen Ford Fairlane Skyliner 1957, des Vorkriegs-Peugeot 402 Eclipse oder der 90er-Jahre-Mode der Coupé-Cabriolets. Es war ein Trend der 60er Jahre, immer mehr Karosserievarianten anzubieten, und parallel dazu vollzog sich der Niedergang der Karosseriebauzunft, die zuvor für Individualaufbauten zuständig gewesen war. Für Opel hatte Autenrieth in Darmstadt ein Cabriolet und Coupé auf Basis des Rekord P II gebaut, dem Rüsselsheim zur IAA 1961 die Grundlage entzog und ein eigenes Coupé ex Fließband vorstellte. Das blieb Ford schon im Vorfeld nicht verborgen, und Köln, trotz enger Zusammenarbeit mit Karl Deutsch, tüftelte an einem Werks-Coupé. Trotz Prototypen überließ Ford dieses Feld weiterhin Karl Deutsch, aber eine zusätzliche, stärkere Version des 17m wurde entwickelt.

Die Skyline von Menton an der Côte d'Azur mit den französischen Seealpen im Hintergrund, entgegenkommend ein für damalige Zeiten typischer Chausson-Überlandbus, der die Route Menton-Monte Carlo absolviert. Der 17m TS brilliert mit vollem Chromornat hinten, also dem Schmuckblech zwischen den Rückleuchten. Vor ihm parkt ein roter 12m P4.

Sport mit Ford

So entstand der 17m TS, TS für Touring Sport und bewusst eine Anlehnung an die verblichene und vom Publikum vermisste Borgward Isabella TS. Statt 1698 bekam der 1,7-Liter-Motor nun 1758 cm³ eingeschenkt und leistete zehn Pferde mehr, nunmehr 70 PS, kombiniert mit Viergang-Getriebe, einziges äußeres Merkmal war der TS-Schriftzug auf dem Kofferraumdeckel (nicht als Turnier lieferbar). TS-Spezifika waren die vorderen Einzelsitze mit Mittelkonsole und die hintere Mittelarmlehne, dazu Kartenleseleuchte und Kofferraumbeleuchtung. Ansonsten beinhaltete das TS-Paket sämtliche Einzelextras, die es auch für den normalen 17m gab. Präsentation auf der IAA im September 1961. Ein sportlich angehauchter Familienwagen, knapp 150 km/h schnell, in 17 Sekunden auf Tempo 100, eine gute Straßenlage – und passend dazu eine lautstarke Fanfare statt der Zweiklang-Hupe. Die Trommelbremsen waren mit der Leistung überfordert, deshalb vordere Scheibenbremsen auf Wunsch ab April und in Serie ab August 1962.

Es waren die jungen Wilden, die »Halbstarken«, die ihren Uralt-Gebrauchtwagen einen sportiven Touch verleihen wollten. Sie setzten auf Kriegsbemalung, Zusatzscheinwerfer und Talbot-Zusatzspiegel. Der Verzicht auf Radkappen sowie Rallyestreifen machten den ollen Ford P3 gleich gefühlte 20 km/h schneller. Foto Sommer 1969 bei Innsbruck.

Oft reichte eine große Spraydose mattschwarzer Farbe von Auto-K-Lack (Firma Peter Kwasny) oder Dupli-Color (Firma Vogelsang) und ein paar Meter Tesakrepp zum Abkleben der Kanten. Gerade beim P3 bot sich natürlich an, die »Brille«, also die Scheinwerferumrandungen, ebenfalls zu mattschwärzen. Dieser Winter 1969/70 dürfte aller Wahrscheinlichkeit nach der letzte für diesen Taunus 17m P3 gewesen sein.

Die IAA 1963 brachte dem 17m P3 einige Verbesserungen. Die hatte er dringend nötig, denn der Erzrivale hatte sich erdreistet, den weniger gelungenen Rekord P II vorzeitig im März 1963 durch den Rekord A zu ersetzen und erwischte Ford damit eiskalt. Sofort eroberte Opel dank des modern und flächig gezeichneten Rekord Rang Zwei der deutschen Zulassungszahlen zurück. Der Ford P3 erhielt eine Leistungsspritze, 65 statt 60 PS im 17m 1,7 Liter, 75 statt 70 PS im TS durch neuen Zylinderkopf und Registervergaser, und alle 17m hatten fortan einen Vergaser mit Startautomatik, sodass niemand mehr am Choke fummeln musste. Dazu ein modifiziertes Armaturenbrett mit weniger Verwechslungsgefahr zwischen den Druckschaltern, neuem Beifahrer-Haltegriff und ein wenig Feinarbeit an der Armatur. Die Türinnenverkleidungen wurden neu gestaltet (deckten aber nach wie vor nicht die komplette Türinnenseite ab, oben blieb ein in Wagenfarbe lackierter Blechstreifen), auch die Sitzpolster, und Ford verwendete das damalige Modewort »apart« für den Innenraumstil. Der Turnier bekam eine neue Hecktüre, nicht mehr links angeschlagen und wie ein Kühlschrank zu öffnen, sondern oben angeschlagen. Die Hecktür-Version mit dem herunter kurbelbaren Rückfenster blieb unverändert. Für das letzte Modelljahr 1964 wurde ein weiteres Mal das Design der Sitzpolster und der Türinnenverkleidungen geändert.

Ein viertüriger Ford Taunus 17m P3 in glänzendem Oliv mit umlaufendem weißem Streifen am Checkpoint Charlie, der Zonengrenze in Berlin-Friedrichstraße, mit Blickrichtung Ostberlin. Dieser Kontrollpunkt war für die Berliner tabu. Ihn durften nur alliierte Militär- und Botschaftsangehörige sowie Ausländer und deutsche Diplomaten passieren. Der Geländewagen stammt aus demselben Hause, ein amerikanischer Ford M 151 MUTT, der etwas ungeliebte US-Militärgeländewagen, der ab 1960 den Jeep M38A1 bei der US-Army ablöste und seinerseits durch den Hummer ersetzt wurde. Aufnahme 1967.

Die amerikanischen Besatzer fuhren deutsche Autos. Nach offiziellem Duktus taten sie es, um der deutschen Wirtschaft auf die Beine zu helfen. Tatsächlich finanzierte dies der deutsche Steuerzahler. Denn die Bundesrepublik musste für die Besatzungskosten aufgrund des verlorenen Krieges finanziell aufkommen. Die Amerikaner fuhren gerne Ford und Opel, denn so verdienten sie doppelt: Die Deutschen zahlten diese Autos, und das Geld floss über Umwege an die Konzernzentralen in Detroit. Ein gutes Geschäft für die Amerikaner. Mauerszene 1967 mit Ford P3 und M48 Patton (von dem einige Baulose übrigens bei Ford-USA gefertigt wurden).

Kein Deluxe, aber Luxus

Es gab beim P3 keine Deluxe-Version mehr wie beim Barock-Taunus. Statt ihrer konnte der Käufer aus Einzelextras und Paketen wählen: Dach in anderer Farbe lackiert, Stahlschiebedach (nur Limousine), Verbundglas-Windschutzscheibe, verchromte Radzierringe, Chromblende am Heck (nur Limousine), Stoßstangenhörner, die wenig georderte Schwellerzierleiste (von Ford als »Steinschlagschutz« propagiert), Weißwandreifen, Nebel- und Rückfahrscheinwerfer, Gepäcknetz an den Rücklehnen der Vordersitze, durchgehender Velours-Bodenteppich, Make-up-Spiegel in rechter Sonnenblende, Ablagebord unter dem Armaturenbrett, Lenkradschloss, Saxomat, Zweiklang-Horn, Tageskilometerzähler, diverse Blaupunkt-Radios. Das gab es als Paket oder einzeln. Die Ausstattungen waren nicht auf allen Märkten gleich. So gab es beispielsweise in der Schweiz den Taunus 17m Spezial mit Vinyldach (!) und Weißwandreifen sowie den Taunus 17m Deluxe mit allen werkseitig lieferbaren Extras, 1,7-Liter-Motor und Viergang-Getriebe. Die Doppelrundscheinwerfer im ovalen Rahmen waren nicht etwa eine Export-Besonderheit, sondern stammten aus dem Zubehörhandel.

Urlaub, Sonnenschein und Wärme, im Hintergrund schneebedeckte Berggipfel, im Vordergrund Jürgen mit seiner Mama. Schicker Ford Taunus 17m P3 in aparter Zweifarbenlackierung und mit Weißwandreifen versehen. Bei zweifarbigen Fahrzeugen lackierte Ford die Felgen in Dachfarbe.

Zwischen September 1960 und August 1964 entstanden 669.731 Fahrzeuge, darunter 86.010 Turnier, Produktion ungefähr halb-halb mit 1,5- und 1,7-Liter-Motor. Nach Jahren aufgelistet: 1960: 29.944 Autos, 1961: 168.430 Fahrzeuge, 1962: 193.378 Stück, 1963: 164.646 Taunus 17m, 1964: 97.658 Exemplare.

Früher Taunus 17m P3 mit Berner Zulassung, dessen Käufer weitgehend auf Extras verzichtete – aber Weißwandreifen mussten doch sein!

Berliner P3 auf Urlaub im bayerischen Voralpenland 1964, und er gönnt sich gerade ein Schlückchen Shell. Die Zapfsäulen sind nicht mal überdacht. Aber eine doppelte Peitschenmastleuchte sorgt für Licht.

Wenige Extras bis auf die Weißwandreifen, aber ein Stahlschiebedach hat dieser P3. Hauptsächliche Zulieferer dieser Schiebedächer waren die Firmen Golde und Webasto. Sie hatten Patente inne.

Ein Erlkönig unterwegs: Probefahrt bei Regen und Wind am 10. Juli 1963. Ob der Taunus-Fahrer realisiert hat, was da am Straßenrand steht? Es ist ein Prototyp zum Porsche 911 mit deutlich verfremdeter Frontgestaltung.

Spieglein, Spieglein auf dem Rad...: Hier betrachtet sich die kleine Marion in der chromblitzenden Radkappe eines 17m P3, womöglich Papas Wagen, abgestellt vor einer Hochhaussiedlung der Münchner Trabantenstadt Hasenbergl.

Lichter der Großstadt: 1962 rollten magische Ringe durch Köln. Die Goodyear-Reifen strahlten in rotcr Farbc. Sio wurdon von innen erleuchtet und waren aus einem farbig-transparenten Material gefertigt, dem Synthesegummi »Neothane«. Die Welt blieb von diesem Gag verschont, die Goodyear-Reifen kamen über das Versuchsstadium nicht hinaus.

KAPITEL 6

Und über sich nur Himmel und Sonne: Ford Cabriolets von Deutsch

Ford unterhielt eine gute und enge Beziehung zum Karosseriewerk Karl Deutsch in Köln-Braunsfeld – bereits vor dem Krieg, und danach gehörte Deutsch zu jenen, die vom Generaldirektor Vitger animiert wurden, durch Cabriolet-Sonderkarosserien das Pkw-Monokulturprogramm von Ford attraktiver zu machen. Ab dem Weltkugel-Taunus wurde Deutsch zum Haus-und-Hof-Cabrioletbauer für Ford, bis zum Beginn der 70er Jahre. Alle Cabriolets, die Ford über das eigene Händlernetz anbot, wurden von Deutsch umgebaut, also quasi die Werks-Cabriolets – obgleich es solche damals nicht gab.

Ford war der Hauptauftraggeber für Deutsch. Aber nicht der einzige. Nach dem Aus von Autenrieth in Darmstadt 1964, sehr mit Opel verbunden, realisierte Deutsch auch die Cabriolets, die der Opel-Kunde beim Opel-Händler erwerben konnte, also dasselbe Modell wie bei Ford. Deutsch baute auch im Lohnauftrag Cabriolets für die britische Firma Crayford, die offene Versionen lediglich konstruierte, aber nicht selbst baute. So kamen beispielsweise alle englischen Ford Cortina Mk II Cabriolets von Deutsch, obgleich sie ausschließlich via Crayford in Großbritannien vertrieben wurden.

Der Wagenbaumeister Karl Deutsch war der Leiter des Karosseriewerks J. W. Utermöhle in Köln, übernahm 1910 den Betrieb, änderte den Namen 1914 in Westdeutsches Karosseriewerk und erneut 1916 in Karl Deutsch GmbH. Zunächst baute Deutsch Anhänger sowie Aufbauten für Kranken- und Küchenwagen für das Heer im Ersten Weltkrieg, danach Karosserien auf Kundenwunsch. Dann folgte die erste, enge Bindung an ein Automobilwerk, nämlich die Deutsche Citroën in Köln-Poll. Mitte der 20er Jahre ließen sich zahlreiche Automobilfirmen, vor allem aus den USA, aber auch Citroën, in Deutschland nieder. Das Verkaufsklima war gut, denn die deutsche Automobilindustrie war, im internationalen Vergleich, wenig leistungsfähig. Der Staat verhinderte Importe durch enorme Schutzzölle. Durch Montagewerke umgingen findige ausländische Automobilkonzerne diese Hürde und überschwemmten den deutschen Automarkt.

Citroën expandierte damals ins Deutsche Reich, in Köln-Poll (und der Sitz der deutschen Citroën-Importgesellschaft ist heute noch in Köln). Anfangs waren nur Kleinigkeiten deutsch, Lacke, Polsterstoffe, Reifen, Batterien et cetera. Schnell stieg der Anteil deutscher Komponenten, besonders nach der Machtübernahme durch die Nationalsozialisten Anfang 1933. Um dem deutschen Geschmack nachzukommen, wurden die Citroën-Karosserien von deutschen Karosseriewerken hergestellt, hauptsächlich von Karl Deutsch (aber auch Gläser und Papler). Durch Handelsbeschränkungen mit Frankreich wurde es ab 1935 für Citroën-Deutschland zunehmend schwierig, die nötigen Fahrzeugeinzelteile zu importieren. 1936 endete die Montage, das Werk diente nur noch der Reparatur vorhandener Citroën, und Deutsch war die lukrativen Aufträge los.

Doch da liefen bereits gute Beziehungen zum benachbarten Ford-Werk in Köln-Niehl, und 1932 schuf Deutsch das erste Ford Cabriolet, ein Zweifenster-Cabriolet auf Basis des Typ B (ab 1933: Rheinland), es folgten offene Karosserien für den Ford Köln und seinen Nachfolger Eifel, vom großen V8 gab es wahlweise 2+2-Sitzer- und 4-Sitzer-Cabriolets. Vom kurz vor Kriegsbeginn herausgebrachten Taunus entstand ein offenes Unikat. Das war eine glückliche Zeit für Deutsch, damals bis zu 700 Mitarbeiter stark. Ab 1942 widmete man sich ausschließlich der Kriegsproduktion und baute Fahrerhäuser für Militär-Lastwagen.

Nachdem Kriegsschäden repariert gewesen waren, startete Deutsch 1948 mit dem Buckel-Taunus als 2+2-Sitzer wieder durch. Allerdings boten auch Karmann und Migö offene Ford an. Einen Exklusivvertrag hingegen schaffte Deutsch mit Ford beim Weltkugel-Taunus (ebenfalls 2+2-Sitzer mit zwei und Viersitzer mit vier Seitenscheiben), und das sollte bis 1971 so bleiben. Der Umbau der selbstragenden Limousinen erforderte zusätzliche Längs- und Querversteifungen: Türschweller, Kardantunnel, Querträger unterm Armaturenbrett, verstärkte Trennwand hinten zwischen Innen- und Kofferraum brachten die notwendige Stabilität. Auch die Türen waren verstärkt und wurden umgebaut, schließlich musste eine Cabriolet-Türe rahmenlos sein. Insgesamt, und das galt bis zuletzt, zeichneten sich die Deutsch-Cabriolets durch wohl durchdachte, professionelle Konstruktionen aus. Aber sie waren auch rostanfällig, und zwar gerade im hinteren Karosseriebereich, in dem die meisten Veränderungen stattfanden. Teils wurde mit unlackiertem Blech gearbeitet an Stellen, die niemand sah, teils mit vorlackiertem, das aber an den Schweißstellen nicht rostgeschützt war. Deutsch-Restauratoren wissen so mache Schauergeschichte zu berichten. Untadelig waren stets die sauber konstruierten Verdecke, mit dickem Rosshaar gefüttert, und Deutsch legte im Gegensatz zu so manchem Mitbewerber Wert darauf, dass die Verdecke in zurückgeklapptem Zustand vollkommen im Verdeckkasten verschwanden. Das heißt, kein Verdeckwulst störte die Linienführung, und er störte auch nicht die Sicht des Fahrers nach hinten. Die Deutsch-Qualität überzeugte auch Carl F. W. Borgward, und nach Ford-Vorbild bot er gleich zwei offene Isabella-Varianten über sein Händlernetz an, das Isabella Limousinen-Cabriolet und das Isabella Coupé-Cabriolet.

Ab dem Barock-Taunus waren alle Deutsch-Cabriolets 2+2-Sitzer, also mit Seitenscheiben nur vorne. Das wirkte sportlicher, die Konstruktion war weniger aufwändig und somit leichter an Gewicht, und erfahrungsgemäß wurden Cabriolets ohnehin meist nur von maximal zwei Personen genutzt. Von der zweiten P2-Serie, dem P2-F, gab es keine offene Version. Nach wie vor war der offene Weltkugel-Taunus im Angebot, in seiner Letztversion (»Streifen-Taunus«) nur noch als 2+2-Sitzer.

Kurz vor der P2 Cabriolet-Vorstellung starb Karl Deutsch am 30. Juni 1957. Acht Jahre zuvor, 1949, hatte er die Firmenleitung seinen beiden Söhnen, Karl junior und Werner, übergeben, die Tochter Johanna machte die Buchhaltung. Die technischen Konstruktionen oblagen Johannes Beeskow, bevor er 1956 zu Karmann wechselte.

In den 60ern blieb Ford der Hauptkunde von Deutsch, aber das Karosseriewerk wollte sich nicht zu abhängig von einem Auftraggeber machen. Nachdem Borgward wegen des Konkurses 1961 wegbrach, schnitt Deutsch so manches Fremdfabrikat auf, beispielsweise den BMW E9, den ersten Audi als Einzelstück und arbeitete im Auftrag von Crayford. Zusammen mit der Münchner Firma Form in Plastic wollte Deutsch 1963 das Kunststoff-Cabriolet Comtesse auf NSU-Prinz-Basis in größerer Serie bauen, doch der zu hohe Preis reduzierte die Absicht auf eine Handvoll Fahrzeuge.

Mit Ausnahme des P6 konvertierte Deutsch jeden Ford der 60er Jahre in ein Cabriolet, den P3 gab es nicht nur als 2+2-sitziges Cabriolet, sondern auch mit Hardtop und als Coupé mit Panorama-Heckscheibe. Konkurrenz erlebte Deutsch beim P4 und P5 vom Karosseriewerk Welsch in Mayen, das diese Wagen ebenfalls aufschnitt, diese aber nicht als Cabriolet mit gut gefüttertem Verdeck anbot, sondern preiswerter als »Sport Roadster« mit recht windigem Flatterverdeck. Die Welsch-Umbauten waren nur dort, aber nicht via Ford-Händler erhältlich.

Im Nachhinein unverständlich ist, weshalb Deutsch beim P5 und P7 die Zweitürer-Limousine als Ausgangsprodukt verwendete und nicht das Hardtop-Coupé, das werksseitig bereits über rahmenlose Türen verfügte und wegen der schräger gestellten Windschutzscheibe auch schnittiger aussah. Überhaupt waren die letzten Deutsch-Cabriolets, besonders die P7-Modelle, noch rostanfälliger als zuvor. Durch die Umbaukosten galten die Deutsch-Cabriolets als recht teure Automobile mit miserabler Halbwertszeit, dies, und die vorherrschende Sicherheitsdiskussion, machte den Deutsch-Cabriolets ebenso wie allen offenen Wagen Ende jener Ära den Garaus – auch den Deutsch-Opel, die ab 1964 gebaut wurden (Rekord A und B, Rekord C/Commodore A, wenige Kadett B).

Zuletzt entstanden einige Ford Capri Cabriolets namens Caprice im Crayford-Auftrag sowie der offene P7b. Deutsch stellte zum Jahresende 1971 den Handwerksbetrieb ein, auch weil die Lohnkosten immens anstiegen und die Gewinnmarge zu sinken drohte. Der Plan, das Karosseriewerk an Crayford zu verkaufen, scheiterte. Fortan fungierte die Karl Deutsch GmbH ausschließlich als Grundstücksverwaltung des Areals in Köln-Braunsfeld. Von einem anderen Karosseriebauer, der ebenso handelte, stammt das erhellende Zitat: »Das Gelände wird immer wertvoller. Durch die Vermietung verdiene ich mehr, als wenn ich arbeiten würde.« (Kurt Dreier vom Karosseriewerk Leonhard Dreier in München). Dazu kam die allgemeine Schwierigkeit, Fachpersonal zu finden. Letztlich erfolgte die Löschung der Karl Deutsch GmbH im Handelsregister am 20. Juni 1985; die Aussage in einem Buch über die deutsche Ford-Geschichte von 1988, wonach Ford das Karosseriewerk Deutsch aufgekauft habe, ist schlichtweg falsch.

Taunus Spezial 1950 mit 2+2-sitziger Deutsch-Karosserie, in der gekiesten Hofeinfahrt geparkt, bei Sonnenschein. 1950 schien wieder die Sonne über Westdeutschland.

Lady mit Tennisschläger. Tennis war damals ein elitärer Sport. Erst Steffi und Bobbele öffneten Tennis dem Massengeschmack. Sie demokratisierten und entwerteten den Sport. 2+2-sitziges Taunus 12m Cabriolet aus dem Premierenjahr 1952.

Beim Weltkugel-Taunus offerierte Deutsch noch zwei Versionen, neben dem 2+2- auch den Viersitzer mit vier Seitenscheiben, hier geschlossen und auf Kunstgras auf dem Ford-Stand der Berliner Autoschau ausgestellt, die in früher Nachkriegszeit in Konkurrenz zur IAA stand.

Ab dem P2 schuf Deutsch nur noch 2+2-Sitzer. Gut zu sehen, trotz geschlossenem Verdeck, der Umbau der Türen, ohne Fensterrahmen, aber das Dreieckfenster blieb bestehen. Die Seitenscheibe wurde ebenfalls verändert, sie passt sich der Rundung des Verdecks an.

Das P3 Cabriolet, wie bei Deutsch üblich mit voll versenkbarem Verdeck, das die Linienführung in keinster Weise beeinflusste.

Sieben Exemplare, so wird kolportiert, seien von diesem Taunus 17m P3 Coupé mit Panoramaheckscheibe entstanden.

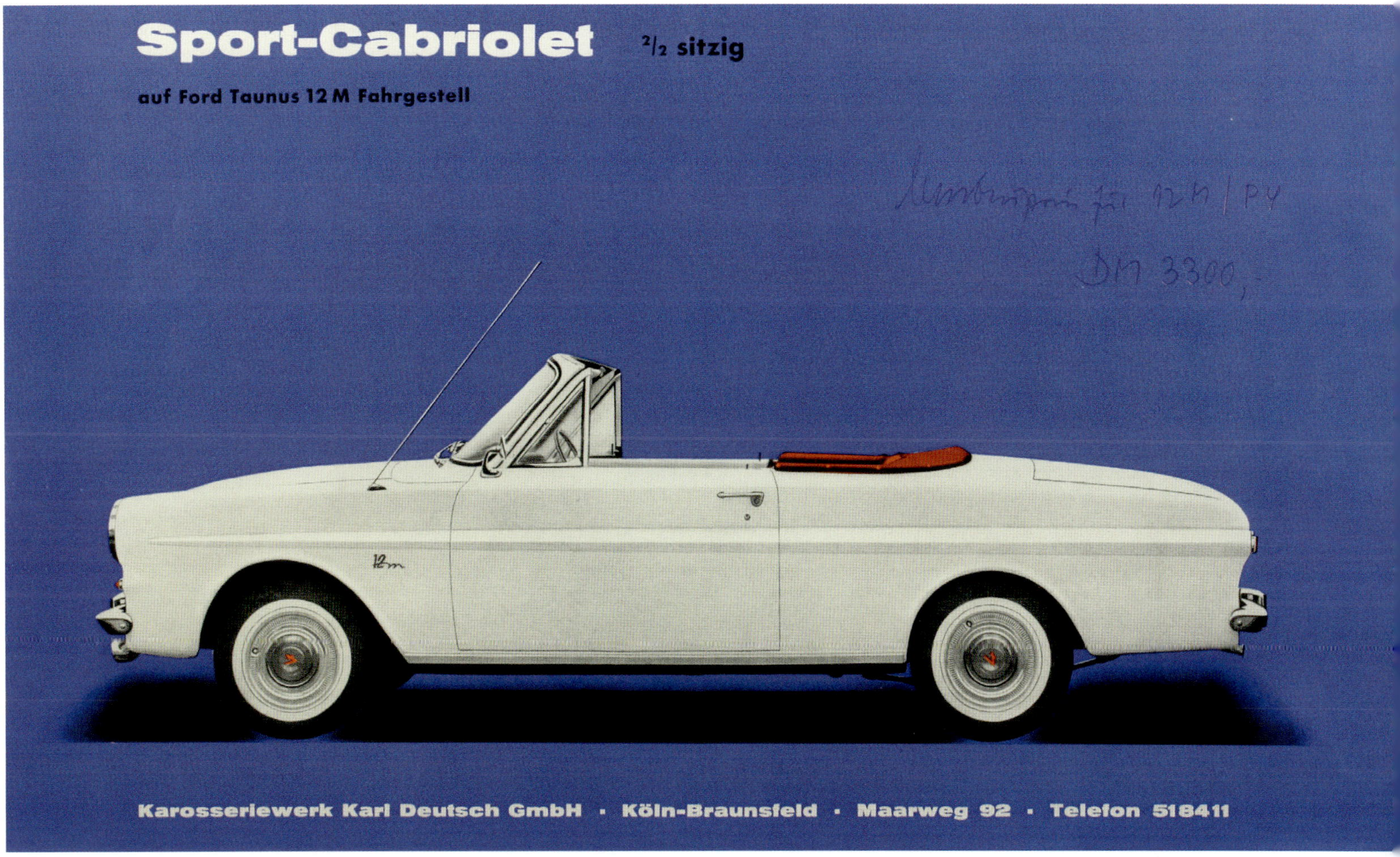

Seltenes Altpapier: Deckblatt eines einseitigen A4-Prospektes für das Taunus 12m P4 Cabriolet, nicht von Ford, sondern von Deutsch herausgegeben. Mit Kuli notierte ein Interessent darauf: »Umbaupreis für 12m P4: DM 3300,–«. Zum Vergleich: Der P4 kostete damals als Zweitürer rund 5500 D-Mark. Das heißt, es war ein immenser Luxus, wenn man sich diesen Wagen als Cabriolet leistete.

Anfang der 80er Jahre auf einem Oldtimer-Treffen: Ford Taunus 20m TS Cabriolet in unschuldigem Weiß. Es dürfte wohl 1982 gewesen sein, denn die Mercedes G-Klasse wirbt für sich mit »Der neue Mercedes 230 GE«. Und der 230 GE kam 1982.

Besser als neu: 20m RS P7b mit 125 PS starkem 2,3-Liter-Motor als Deutsch-Cabriolet, in Nachbarschaft eines Opel Diplomat B als offenem Viertürer, den Opel bei Karmann in Auftrag gab und den Karmann bei Fissore bauen ließ.

Bei Deutsch entstand ein Cabriolet auf Grundlage der Borgward Isabella Limousine. Das abgebildete Fahrzeug basiert auf der frühen Limousine mit großem Rhombus, Gitter im Kühlergrill und Kühlschlitzen darunter, also zwischen 1954 und 1956. Der Wagen wird hart heran genommen und beweist seine Sportlichkeit auf Schotter bei der ADAC-Winterrallye 1957. Wahrscheinlich hat dieses Exemplar nicht bis heute überlebt.

Ein Coupé auf Basis der Isabella Limousine konstruierte Johannes Beeskow bei Deutsch ebenfalls. Doch Borgward selbst machte es obsolet, denn Borgward brachte das traumhaft schöne Isabella Coupé mit eigenständiger Karosserie. So blieb vom Deutsch Limousinen-Coupé gerade mal der bereits gedruckte, einseitige Prospekt mit anmutiger Zeichnung.

Ein Unikat blieb das Audi Super 90 Cabriolet von Deutsch, seit Jahrzehnten in derselben Liebhaberhand, aber kein Garagenfahrzeug, was man dem Lack durchaus ansieht. Der Wagen lebt im Freien.

Die Comtesse mit Mechanik des NSU Prinz 30 und Kunststoffkarosserie: Entwickelt wurde der Wagen von Form in Plastic in München, die Einzelteile der Karosserie lieferte die Firma Peter Bauer in Köln, die Endmontage erledigte Karl Deutsch. Im April 1959 wurde der Prototyp bei NSU in Neckarsulm vorgeführt. Form in Plastic hoffte, dass NSU die Comtesse in das offizielle Verkaufsprogramm aufnehmen würde, denn es gab damals kein NSU Cabriolet, nur das Bertone-Coupé, den Sport-Prinz. Ein Cabrio auf dessen Basis, der spätere Wankel-Spider, war bei NSU aber bereits beschlossene Sache, und so zeigte NSU kein Interesse an der Comtesse.

Spezialität im Alltagsbetrieb: Opel Rekord C Cabriolet mit Deutsch-Karosserie, friedlich parkend zwischen Škoda 1000 MB, Fiat 850 Berlina und Ford Taunus 12m P4.

12m

KAPITEL 7

Vom NPX zum P4: Das ungeliebte Projekt Cardinal

Köln konstruierte ab 1959 einen neuen Motor, einen Einliter mit oben liegender Nockenwelle und 34 PS, möglich eine Aufbohrung auf 1,2 Liter und 40 PS, sowie ein komplett neues Auto, das den 12m ersetzen sollte, ein Kind des Entwicklungschefs Jules A. Gutzeit. Der Wagen war etwas kleiner als der 12m, jedoch mit denselben Innenmaßen, vorne McPherson-Federbeine, hinten Starrachse, selbstverständlich Heckantrieb. Damit wollte Ford in erster Linie den Volkswagen angreifen. Was in Köln unter dem Codenamen »NPX« reifte, wurde bei der Präsentation des Projekts in Detroit zum »P4«, dem »Projekt Nummer Vier.«

Der Cardinal lernt in den USA das Fliegen

Gleichzeitig konstruierte Ford in den USA den »Cardinal«. Das Wort hat im Englischen nichts mit dem kirchlichen Würdenträger zu tun, sondern bezeichnet dort einen Singvogel. Und das passte zur Nomenklatur anderer US-Ford wie Falcon (= Falke) und Thunderbird (= Donnervogel, Fabelwesen aus der indianischen Mythologie). Kölner Techniker, namentlich Chefkonstrukteur Alfons Streit, wurden nach Detroit zu Hilfe gebeten. Niemand bei Ford, weder in Detroit noch in Köln, hatte Erfahrung mit Frontantriebstechnik. Aber diese wurde beschlossen, besonders, um dem originellen Chevrolet Corvair mit seinem luftgekühlten Sechszylinder-Boxer-Heckmotor etwas mindestens ebenso Originelles entgegenzusetzen zu haben. Das Cardinal-Design zeichnete der US-Ford-Stylingchef Gene Bordiat, wobei der seitliche, nach vorne zugespitzte Blechknick, der in mandelförmigen Rückleuchten mündet, eine

Idee des Kölner Designchefs Wesley Dahlberg war. Eine völlige Neukonstruktion für den Cardinal und völlig neu in der Automobilgeschichte war die Anordnung der vier Zylinder in V-Form in Großserie, mit einem relativ großen Zylinderwinkel von 60 Grad, ein 1,5- und 2-Liter-Aggregat. Den bauartbedingt rauen Lauf kompensierten die Motorkonstrukteure mittels einer über Zahnräder angetriebenen Ausgleichswelle, welche durch eigene Erschütterungen jene des Kurbeltriebs ausglich. Sehr unkonventionell, aber sehr rationell und somit typisch amerikanisch: Die Querlenker wurden direkt am Motorblock befestigt, und der saß längs vor der Vorderachse. Das heißt, der Motor wurde, entgegen herkömmlicher Methoden, starr mit dem Wagen verbunden.

Der Wagen wurde fertig konstruiert, die Produktion sollte im ehemaligen Edsel-Werk Louisville/Kentucky erfolgen. Kalkulationen ergaben, dass die Produktion dort zu teuer sein würde, um dem Volkswagen erfolgreich Paroli bieten zu können, und so entschied Ford 1960, den Wagen in Köln herzustellen, wo die Löhne deutlich geringer waren. Zunächst hieß es, die komplette Technik sollte aus Köln importiert werden, und daher sollte Köln ein neues Motorenwerk in Köln-Merkenich bauen. Doch es kam anders: Köln sollte nicht nur die Technik, sondern den Cardinal komplett bauen – jedoch nicht für die USA, sondern anstelle des projektierten NPX alias P4 als neuen Taunus 12m. Köln war geschockt, denn der NPX war so weit gediehen, dass bereits die Karosseriepresswerkzeuge in Auftrag gegeben waren. Aber Detroit entschied, nicht Köln.

Ford in Köln muss übernehmen

Nun wurde der Cardinal so gut es ging europäisiert, wobei anfangs noch die Vorstellung im Raume stand, davon auch eine USA-Version abzuleiten. Doch dort war der Kleinwagenmarkt Anfang der 60er Jahre rückläufig, und so schob Detroit das Projekt Cardinal komplett nach Köln ab. Nur geringe Details des serienreifen Wagens durften in Köln geändert

Eine ungewöhnliche Lösung: Die Vorderräder sind direkt am Motorblock befestigt. Ein Fest für ebenso technikaffine wie kritische Motorjournalisten!

werden. Der Motor wurde auf 1,2 Liter und 40 PS reduziert, aber Ford musste mit einer vorderen Querblattfeder anstelle der McPherson-Federbeine leben. Doch das größte Problem waren die Ausmaße: Der 12m P4 war mit 4,25 Metern nur 20 Zentimeter kürzer als der 17m P3 – optisch also eher in der gleichen Klasse angesiedelt als, wie gewünscht und erforderlich, eine Klasse unter ihm. Immerhin hatte mit dem P4 erstmals ein Ford serienmäßig Heizung und Viergang-Getriebe.

Die Präsentation vor Journalisten und Händlern erfolgte am 15. September 1962, und jedem Betrachter war angesichts der sichtbaren Schweißnähte und der etwas einfach anmutenden Innenausstattung klar, dass dieser Wagen kein Kölner Konstrukt, sondern als amerikanisches Billigauto konzipiert worden war. Und dann noch die Hiobsbotschaft aus Rüsselsheim: Opel baute in seinem völlig neu errichteten Werk Bochum den Kadett, kleiner als der Ford und ein Hecktriebler – ein neuer starker Konkurrent für den P4-Taunus. Beide bliesen aber gemeinsam zum Halali auf den Volkswagen.

Kegelausflug im Freundeskreis, gleich zwei 12m P4 hintereinander, und ganz stolz präsentieren sie ihre exotischen Mandelaugen.

Die Kronprins Harald der norwegischen Reederei Jahre-Line im Jahre 1964, mit einem Ford Taunus 12m P4 im Vordergrund. Wer damit reist, lässt seinen Wagen am Pier stehen. Aber der P4 war nicht parkettsicher. Er war eher das Auto des »kleinen Mannes«, und der gestaltete seine Freizeit (zumindest damals) nicht auf einem Kreuzfahrtdampfer.

Gelungener Wurf

Der Ford bot in seiner Klasse am meisten Raum, war also ein vollwertiges Familienfahrzeug, er punktete mit guter Federung und Straßenlage, der Motor lief rau und war eher träge – allerdings waren die Kunden in dieser Klasse einen boxernden 34-PS-Volkswagen mit nahezu keinem Koffer- und einem arg engen Innenraum gewohnt. Im Vergleich bot der 12m am meisten Auto fürs Geld, auch im Vergleich mit dem Kadett. Außerdem sah er gut aus, viel erwachsener als der kleine Opel. Allerdings waren die 40 Pferdchen mit dem 845-Kilo-Ford ziemlich gefordert. Die Kunden griffen begeistert zu, verlangten aber mehr Leistung. So kam die in den USA entwickelte 1,5-Liter-Version des V4 zum Einsatz, schon drei Monate später im Dezember 1962, 1498 cm³ mit 55 PS, und Ford kreierte so, nach dem 17m, seinen zweiten TS: Innen mehr Chrom und vordere Einzelsitze, die Polster kombiniert aus Stoff und PVC (damals das hochmoderne Kunstleder der Marke Skai), Teppiche aus Velours, außen mehr Chrom, in dem Fall an Fensterumrandungen, Scheinwerferringen und Radzierringen. Nun sahen die Tester über die etwas nonchalante Verarbeitung generös hinweg, denn das Fahren im 12m TS machte ihnen einfach nur Spaß.

In die Serie brachte es das 12m Coupé, nachdem Opel schon 1962 ein Rekord Coupé vorgestellt hatte, und die 12m-Familie wuchs im März 1963 um den Turnier sowie dessen Lieferwagen-Ableitung. Im September, zur IAA, präsentierte Ford weitere Varianten: Die Viertürer-Limousine, das Coupé sowie eine niedriger verdichtete Version des 1,5-Liter-Motors mit 50 PS (also zwischen 12m und 12m TS angesiedelt). Das Coupé als klassische Konstruktion: neuer, niedrigerer und kürzerer Dachpavillon mit schräger gestellten Scheiben, als Schmuck trug es eine Flankenzierleiste, ansonsten blieben Karosseriekörper, Innenraum und Ausstattung identisch zum 12m TS. Über den Ford-Händler bestellen konnte man das zweisitzige Cabriolet von Karl Deutsch mit gefüttertem Verdeck.

Alles rot, rot lackiertes Auto mit roter Innenausstattung: 12m TS mit Einzelsitzen.

Ausflug in den Winterzauber mit 12m TS mit Chrom um die Seitenscheiben und rund um die Augen, dazu hübsche Chromzierringe an den mit Weißwand geschmückten Rädern und die attraktive Zweifarbenlackierung.

War der Ford Taunus 12m ein Sozi-Auto? Nein, war er nicht, auch wenn das Foto dies suggerieren mag. Es ist der pure Zufall, dass ein bemerkenswerter Teil der mit Bannern versehenen Wagen anlässlich eines Parteitags der Berliner SPD um 1970 aus Köln kommt. Zwei Taunus 12m P4 sind zu sehen, ein Zweitürer und ein Coupé, wobei dieses Nebeneinander-Parken sehr schön den visuellen Vergleich der beiden Dachlinien ermöglicht. Der Taunus 17m P3 ist ein Viertürer und sieht für sein Alter recht gepflegt aus, im Vordergrund ein roter 12m P6.

Schnittig gezeichnet, etwas Besonderes. Originalton Ford im 1964er Premierenprospekt über das Coupé: »Einfach chic! Der langgestreckte Wagen mit dem Pfeilprofil auf beiden Seiten und das elegante Coupédach auf schlanken Fensterpfosten. Ein sehr individuelles Auto - das Taunus 12m Coupé«.

Rex ist begeistert vom Kofferraumvolumen des Taunus 12m Coupé. Sein Blick sagt: »Verbrennt meine Hundehütte, vergesst euer Auto. Das ist jetzt mein Reich. Hier stehe ich und will nichts anderes.«

Das typische Werbefoto, das dem Käufer einredet, er würde Chancen auf eine Lady genau dieser Klasse bekommen, wenn er genau dieses Auto führe. Genau dieses Auto, damit meinte Ford das Taunus 12m Coupé.

Dabei ist dieses die größtmögliche Individualität, die einem Taunus 12m P4 zu Gute kommen konnte: Der Gang zum Couturier, zu Karl Deutsch in Köln, der den Zweitürer enthauptete.

Zur Imageaufwertung drehte im Sommer 1963 ein 12m TS 117 Tage lang auf dem südfranzösischen Rundkurs von Miramas seine Runden, eine publikumswirksame Rekordfahrt mit den Partnern BP (neues Motoröl Longlife) und Kléber-Colombes (Reifen), 358.237 Kilometer weit mit einem Schnitt von 106 km/h, die Strecke zwischen Erde und Mond. 145 Weltrekorde hält der brave 12m, die teilweise bis in die 70er Jahre hinein Gültigkeit hatten – und manche sind bis heute nicht eingestellt. Der Rekordwagen, schwer verbeult nach einem Überschlag in der 111ten Nacht, existiert noch heute in Händen eines französischen Sammlers.

Ab Sommer 1963 wurde die 12m-Produktion schrittweise komplett ins neue Ford-Zweigwerk Genk in Belgien verlagert, wo die Verarbeitungsqualität deutlich besser war, nicht zuletzt dank einer hochmodernen Lackiererei, in der erstmalig die Kataphorese-Technik angewandt wurde, ein elektrochemisches Tauchlackierverfahren. Hierbei wird, grob gesagt, die Karosserie positiv geladen und die Lackteilchen nega-

Ford-Ingenieure entwickelten einen zweisitzigen Roadster mit Kunststoffkarosserie und integriertem Überrollbügel, eine Art Barchetta mit einem Gitterrohrrahmen als Rückgrat, der 12 m TS-Motor als Mittelmotor. Köln wollte ihn in Kleinserie bei Peter Bauer herstellen lassen und schickte den Prototyp nach Detroit. Rechtzeitig zur IAA 1963 kam er zurück, hieß nun »Ford Mustang« und hatte kaum mehr etwas dem Entwurf zu tun. Aus der Kunststoffkarosserie war eine Aluhaut geworden, und ein Serienbau vom Tisch: Ford propagierte den Wagen als Studie, welche das Potenzial des V4-Motors – aus dem rund 100 PS rauszuholen waren – demonstrieren solle. Mit dem 1964 erschienenen Serien-Mustang hatte die Studie tatsächlich nur den Namen gemein, doch ließ Dearborn für die Studie sogar einen Prospekt drucken.

tiv. Das zieht sich an und der Lack dringt in den hinterletzten Hohlraum ein. Von jetzt auf nachher waren die Ford-Fahrzeuge, zuvor stets für ihre Lackqualität gescholten, die am besten rostgeschützten Wagen der Welt. Gleichzeitig mit dem 12m zog die Produktion des Transporters FK 1000 (Karosseriebau zuvor bei Drauz, Montage in Köln) um nach Genk.

Mauerblümchen: Ein Schattendasein auf dem deutschen Markt hatte der Lieferwagen inne, ein Turnier mit Verblechungen anstelle der Seitenscheiben und ohne Rücksitzbank. Der seitliche Zusatzblinker vor dem Radausschnitt und die Position der Außenrückspiegel definieren diesen Wagen als Exportfahrzeug.

Endlich ein modernes Fahrwerk

Im September 1964 zum neuen Modelljahr wurde der 12m P4 in einigen Punkten modifiziert und war spätestens jetzt ein hervorragendes Allround-Automobil. Vordere Scheibenbremsen, Frischluftdüsen im Armaturenbrett statt Fußraumklappen, Startautomatik statt Choke gehörten zu den Verbesserungen. Gleichzeitig wurde das zuvor kritisierte Fahrwerk erheblich verbessert: In Fiat-Lizenz baute Ford eine neue Vorderradaufhängung mit oberer, doppelt gelagerter Querblattfeder und unteren Dreiecksquerlenkern, ganz wie im Autobianchi Primula zu finden. Die starre Motor-Befestigung wurde durch die übliche, weiche Gummi-Aufhängung ersetzt, wobei zugleich die bisherige Anlenkung der

Blümchentransporter: So warb Ford für den 12m Turnier, und so und nicht anders wurde er genutzt, als Handwerkerauto, alsbald verschlissen und heute in Sammlerkreisen viel begehrter als das Coupé. So ist das meist bei Brot- und Butterautos, wenn sie in den Adelsstand der Sammlerstücke gehoben werden: Die einst populärsten Modelle sind später die seltensten. Ein 12m P4 in Basisausstattung, der dem Alltagsbetrieb ausgesetzt war, oder gar ein Turnier hat natürlich weniger Überlebenschancen als ein Coupé, von Damenhand als Zweitwagen geschont oder vom Rentner als Hobby gepflegt.

Vorderachs-Querlenker am Motorgehäuse durch eine Befestigung am Rahmen abgelöst wurde, wodurch sich die Laufkultur wesentlich verbesserte. Denn der Motor übertrug weniger Vibrationen auf die Karosserie. Zugleich kam eine härtere Federung und Dämpfung. Außerdem bekam der TS-Motor zehn Pferde mehr und leistete nun 65 PS. Gleichzeitig gab es für den Turnier gegen Aufpreis Teppichboden, auch im Ladeabteil.

Die Felgen des P4 waren stets in Karosseriefarbe lackiert, selbst wenn sie von Radzierringen komplett bedeckt wurden und nur das Felgenhorn sichtbar blieb. Für den normalen 12m bot Ford die Sonder- und die Spezialausstattung an, darüber rangierte die TS-Ausstattung. Die Sonderausstattung umfasste Stoßstangenhörner, Radzierringe, Rückfahrscheinwerfer und Zigarettenanzünder (also: eine Autosteckdose). Die Spezialausstattung brachte dem glücklichen Käufer eine bessere Sitzpolsterung, einen Teppichboden und einen Make-up-Spiegel in der Beifahrersonnenblende, äußerlich kenntlich war sie durch verchromte Seitenscheibeneinfassungen. Außer dem 55-PS-TS-Motor gehörte zur TS-Ausstattung: Spezialpolster, Einzelsitze, Teppichboden, Seitenfensterrahmen verchromt, Stoßstangenhörner, Radzierringe, Rückfahrscheinwerfer, Zigarettenanzünder und ein Spiegel in der Sonnenblende. Dann gab es noch, unabhängig von diesen Paketen, Einzelextras: Stahlkurbeldach, Zweifarbenlackierung, Weißwandreifen sowie diverse Autoradios. Für Fahrzeuge mit Spezialausstattung, Coupé und TS-Modelle offerierte Ford einige Farben, die für den normalen 12m nicht erhältlich waren. Auch die Oberfläche der Polster (entweder Vinyl/Stoff-Kombinationen oder nur Vinyl) variierten je nach Typ (normaler 12m, 12m mit Spezialausstattung, Coupé, TS).

Zwischen September 1962 und Juli 1966 wurden 672.695 Taunus 12m gebaut (andere Quelle: 680.206), darunter 413683 Wagen mit 1,2 Litern und 209.949 mit 1,5 Litern.

Angekommen auf dem Platz der Sehnsucht. Dieser P4 kommt aus dem saarländischen Kreis Merzig-Wadern im Dreiländereck zu Frankreich und Luxemburg, und an seinem Haken hängt ein VFW Fokker 300L mit bunter Markise.

Er geht hinten ganz schön in die Knie, er zieht einen Tabbert Comtesse 310N, der Schweinfurter P4, und wir sehen ihn vor dem SKF-Hochhaus eben dort.

Heute undenkbar, damals alltäglich: Hans spritzt seinen P4 auf der Straße vor dem Haus ab. Er befreit ihn von dem Staub, der auf der Karosserie liegt.

12m P4 als graue Maus in Nürnberg, und von hinten nähert sich eine Straßenbahn im typischen Nürnberger Straßenbahn-Beige.

Taunus fern der Heimat in Antigua in Guatemala vor dem Arca de Santa Catalina im Juli 1969.

SACHE DER PRIVATIERS: DEUTSCHE RALLYE-FORD IN DEN 60ER JAHREN

Auch in den 60er Jahren beteiligte sich Ford-Köln nicht aktiv am Motorsport. Klar, als Tochter amerikanischer Eltern. Denn es galt nach wie vor der AMA-Bann. Dieser Selbstverzicht amerikanischer Konzerne war auch für deren ausländische Tochtergesellschaften verbindlich, in Deutschland also für Ford und Opel. Ford war, wie die meisten anderen US-Autokonzerne, Mitglied in der Automobile Manufacturers Association (AMA). Im Juni 1957, mitten im PS-Wettbewerb der US-Konzerne, gab es den AMA-Bann. Darin einigten sich die Mitglieder, auf Autowerbung mit Leistung und Topspeed zu verzichten und gleichzeitig jeglichem Motorsport abzuschwören. Daran hielt sich Ford-USA und daran hatten sich alle Ford-Filialen zu halten. Der AMA-Bann hatte seine Ursache im Desaster von Le Mans 1955 (verheerender Unfall, 83 tote Zuschauer plus der Unfallfahrer Pierre Levegh, 180 Verletzte) sowie in den NASCAR-Ereignissen 1957, wo es ebenfalls Tote gab.

Offiziell endete diese Zurückhaltung 1962, als Henry Ford einseitig ankündigte, Ford werde sich wieder an NASCAR-Rennen beteiligen. GM und Chrysler fühlten sich länger dem Bann verpflichtet. Dennoch dauerte es noch einige Jahre, bis die Ford-Filialen sich ebenfalls wieder zum Motorsport bekannten: ab 1966 gab es in Person von Jochen Springer einen offiziellen Sportkoordinator in Köln. Ein offizielles Kölner Ford-Werksteam wurde 1968 etabliert. Zuvor wurden motorsportliche Aktivitäten von Privatfahrern mehr oder weniger unterstützt. Denn auch in Köln saßen Ingenieure und Manager mit Benzin im Blut, die sich danach sehnten, die eigenen Produkte im Wettbewerb mit Konkurrenzfahrzeugen zu sehen. Zunächst mussten sie sich aber damit begnügen, zu erkennen, dass so mancher Privatfahrer sogar bei großen und internationalen Rallyes beachtliche Erfolge einfuhr. Diese einerseits zufrieden stellende und andererseits unbefriedigende Situation teilten sich die Kölner Verantwortlichen mit ihren Kollegen aus Rüsselsheim.

Zu den »alten Haudegen« auf Ford gehörten der Stuttgarter Ford-Händler Alfred Burckhardt und sein Co Heinz Zertani (Pseudonym: Heinrich Hubert), seines Zeichens Fahrlehrer aus Gaildorf, die den 17m P3 beispielsweise bei der Tour d'Europe 1961 und 1962 (jeweils Klassensieg), 1963 (Gesamtsieg) oder den 12m P4 bei der Monte Carlo 1966 prügelten, sie gewannen die Roland-Rallye von Nürnberg nach Bremen 1964. Das Team Jochen Springer/Günter Brendel aus Tutzing siegte, ebenfalls auf 12m P4, bei der Tour d'Europe 1964 (10.787 km von Bad Nenndorf quer durch Europa, auch den Ostblock, zum Zielort Travemünde), ihnen folgten Burckhardt/Zertani. Im Folgejahr tummelten sich 38 Ford, darunter fünf deutsche Teams, unter den Teilnehmern der Mutter aller Rallyes, der Monte Carlo, darunter auch Jochen Springer mit Jochen Neerpasch auf einem 12m TS P4, mit Rang 19 bestes Kölner Ergebnis für Günther Selbach/Werner Seelinger auf 20m TS. Zumindest gemeldet, unter »ferner liefen«, der Ford-Designer Uwe Bahnsen mit seinem Co Werner Buhrer. Ebenfalls national und international erfolgreich waren Ernie Kleint und Günther Klapproth (die 1968 auf P7b den London-Sydney-Marathon bewältigen sollten). 1965 auf der Tour d'Europe war erneut ein Kölner Ford die Nummer Eins, wieder Springer/Brendel, wie im Vorjahr, nun auf 20m TS P5, mit dem sie auch bei der Monte 1966 einen Klassensieg errangen. Und die Deutsche Rallye-Meisterschaft 1965 ging ebenfalls an Ford, Alfred Burckhardt/Heinrich Hubert auf 12m P4 Coupé. Dann die Monte 1966: In der Tourenwagen-Wertung lagen Kölner Ford auf den ersten vier Rängen, drei 20m TS P5 und ein 12m TS P4.

Es wäre absolut unprofessionell gewesen, wenn sich das Werk weiter aus diesen Aktivitäten herausgehalten hätte, zumal der AMA-Bann längst Geschichte war. Zunehmend unterstützte Ford die Privatfahrer, und 1968 gewannen Burckhardt/Zertani erneut die Tour d'Europe (nun auf 20m TS P7a). Ford baute nun eine richtige Motorsportabteilung auf, und Jochen Neerpasch leitete sie.

Ob man dem Barock-Taunus nun Sportlichkeit zutrauen mag oder nicht, sei dahingestellt. Er bewies sie jedenfalls. Bjarne Rohne und Hans Jørgen Selmer aus Norwegen auf P2 bei der berüchtigtsten Rallye überhaupt, der Monte Carlo 1958. Resultat: Ausfall. Zuvor hatte das Team die Monte bereits mit einer französischen Ford Vedette und einem britischen Zephyr Six in Angriff genommen. Immer nur Ausfall.

Dieselbe Veranstaltung, die Monte 1958. Ein rein privater Starnberger P2, ein Oslo-Starter, der am 23. Januar 1958 nach ruhig verbrachter Nacht am Touring-Motel in Tübingen zur nächsten Etappe aufbricht.

Sonntagsfahrt 1962: Ein drei Jahre alter P2 Deluxe, und nur der Beifahrer trägt standesgemäß Helm. Eine Orientierungsfahrt irgendwo im Schwäbischen, tatsächlich an einem Sonntag, und dabei geht es nicht um Sieg, sondern um Spaß an der Sache.

Szene von der achten Nordbadischen ADAC-Wintersternfahrt 1966. Jeder konnte mitmachen, die Autos brauchten nicht sportiv vorbereitet zu sein. Aber je mehr sie es waren, desto besser standen die Chancen. Diesem 17m P3 sehen wir nur Nebelscheinwerfer und eine ADAC-Plakette an.

Jochen Springer aus Tutzing bei Starnberg mit seinem seitlich leicht ondulierten 12m TS Coupé, mit dem er, zusammen mit seinem Co Günter Brendel, bei der Tour d'Europe 1964 siegte.

Sportives P4 Coupé in letzter Hand, mit dilettantisch reparaturgeschweißten Schwellern für die letzte TÜV-Prüfung, Sportrückspiegel an der Fahrertüre, Zusatzspiegeln auf den Kotflügeln, hinten nicht nur eine lange CB-Funk-Antenne, sondern auch unmäßig große Zusatzbeleuchtung, das Ganze garniert mit ein paar »Sponsorenaufklebern«, die es an der Tankstelle gab.

Das 12m P4 TS Coupé war ein sportlicher Wagen, man konnte ihn sportlich bewegen, im Alltag wie auf der Piste. Szene vom Taubensuhl-Bergrennen am 22. August 1965. In der rechten Reihe vorne ein Fiat 1600 S Spider, vor ihm der P4, davor ein Glas 1304 Coupé. Der Lieferwagen hinter der Alfa Romeo Giulia Berlina ist ein Fiat 1100 T. Gegen eine Giulia ti Super mit 112 PS hatte ein Ford P4 keine Chance. Aber es ging nicht nur um Chancen und Pokale (natürlich auch!), sondern ums Dabeisein.

KAPITEL 8

Gewachsen und erwachsen: Der P5 als letzte »Linie der Vernunft«

Veränderungen müssen sein. Der Markt verlangt es. Die Mitbewerber zwingen dazu. Aber ein gut eingeführter und bewährter Stil muss nicht von Generation zu Generation gewechselt werden. Eine gewisse Konstanz, vor allem nach dem radikalen Wechsel von P2 zu P3, tat Ford gut. Sie ist ein Beleg für Kompetenz. Der Ford Taunus 17m musste wachsen. Immer größer werdende Menschen, die in immer größer werdendem Wohlstand in immer größeren Städten leben und immer mehr Gepäck an immer fernere Urlaubsorte spedieren, brauchen immer größere Autos. Ford schaffte es, das Bewährte beizubehalten und an die neuen Anforderungen anzupassen: Der Ford P5 behielt die Grundzüge des P3 bei, verlor aber dessen Filigranität völlig und wurde zu einem erwachsenen, repräsentativen Fahrzeug mit selbstbewusstem Auftritt dank deutlich verbreiterter Spur (vorne 13,5, hinten 10,5 cm breiter). Er stand auf den Rädern wie ein richtig kraftvoller Athlet. Ein V6-Athlet.

Keine Reihenmotoren mehr. Der amerikanische V4 aus dem 12m, auf Hubraum und Leistung gebracht, sowie seine Ableitung mit einem weiteren Zylinderpaar sollten das Maß des Taunus 17m sein, der zum 20m aufstieg. Größer war er nicht nur der Umstände, sondern auch der Erfordernisse wegen: Ein Wagen, der Mitte der 60er Jahre reüssieren wollte, brauchte deutliche Attribute passiver Sicherheit, Knautschzonen vorne und hinten, Kugelumlauflenkung statt Schnecke-Rolle sowie eine breite Spur für eine sichere Straßenlage. Und ein V6 brauchte Platz unter der Haube. Unter Beibehaltung der bisherigen Linie, der »Linie der Vernunft«, wuchs der P5 in allen Dimensionen. Passend zum breitbeinigen, maskulinen Auftritt wurden die Scheinwerfer an die Karosserieaußenkante versetzt. Beim P3 lagen sie enger beieinander, was den Wagen zumindest bei Dunkelheit kleiner erscheinen ließ als er war. Die Seitenflächen waren nicht mehr bombiert, sondern verliefen eher glattflächig, horizontal von einer Sicke unterbrochen, und die hinteren Kotflügel erhielten die integrierten Rückleuchten, die Ästheten schon beim Vorgänger vermisst hatten und die Ford beim P3 Turnier der zweiten Serie eingeführt hatte. Der Ford P5 wirkte, als sei er um eine Klasse gewachsen, eine richtig überlegene und stolze Erscheinung.

... wäscht nicht nur sauber, sondern rein: 17m P5 mit Stoßstangenhörnern als Demonstrationsobjekt für die neue Durchfahrwaschanlage von Krupp-Stahlbau anno 1965.

Unter einem »Schweizer Auto« erwartet man (klischeehaft) die Topversion mit allen Extras in Bestzustand. Es geht auch anders: 17m aus Zürich ohne alle Extras, nicht mal mit Stoßstangenhörnern. Im Hintergrund ist ein zweiter P5 zu sehen, ein Taxi.

Ebenfalls wenig Ausstattung und trotzdem viel Chrom, zumindest um die Scheiben. Die Felgen in Wagenfarbe lackiert, doch wer für seinen 17m das Deluxe-Paket orderte, versteckte dies unter verchromten Radzierringen.

Erstmals auch mit sechs Zylindern

Die Präsentation erfolgte im September 1964 in zwei Linien, nämlich 17m mit V4-Motoren (der so genannte Marathon-Motor mit 1,5 Litern und 60 oder 1,7 Litern und 70 PS) und als 20m mit sechszylindrigen 2 Litern Hubraum und 85 PS (Ford sprach vom »Tornado-V6«) respektive 90 PS im 20m TS (das war in der Werbung der »Tornado-Super-V6«), Drei- oder Viergang-Getriebe (TS nur Viergang), zunächst nur für den 20m TS Mittelschaltung, vorne Sitzbank oder Einzelsitze.

Beide Linien erschienen von Anfang an als Zwei- oder Viertürer (Produktionsstart November 1964) sowie als Turnier, den es auch als

Das Ziel der Träume, wo der Deutsche die Seele baumeln lassen konnte: 17m mit Deluxe-Paket am Gardasee im August 1966.

Urlaubsanfahrt, Schlange stehen: Wer als Westeuropäer an den Plattensee wollte, zum Beispiel, um dort Ostverwandte aus der DDR zu treffen, musste sich die Kontrollen an der österreichisch-ungarischen Grenze gefallen lassen. 20m vor Opel Admiral A und Mercedes 220 S W111 im Sommer 1967, auf der österreichischen Seite der Grenze.

Zwei- und Viertürer gab (ab Januar 1965, zunächst nicht als 20m TS), während der Opel Rekord Caravan ausschließlich zweitürig gebaut wurde. Zu Recht war Ford stolz darauf, besonders auf die Kombination mit dem V6. Prospekttext: »Wir sind die einzigen in Deutschland, die einen solchen Wagen serienmäßig bauen.« Tatsächlich war der 20m Turnier ein ziemlich einzigartiges Fahrzeug, auch im Vergleich mit europäischen Mitbewerbern. Ein britischer Humber Hawk Estate spielte auf dem deutschen Markt kaum eine Rolle, der Citroën ID Break war zwar aufgrund seiner Hydropneumatik unvergleichlich, aber eben nur ein Vierzylinder, Daimler-Benz hatte den bei IMA in Belgien umgebauten Heckflosser als Universal im Angebot, auch als sechszylindriger 230 lieferbar, aber das war ein eher nutzorientierter, hart gefederter Wagen, obendrein ziemlich teuer. Alle anderen Kombis, wenngleich mit vergleichbaren Innen- und Nutzraummaßen, waren eher einfach ausgestattete Fahrzeuge mit vier Töpfen, eben Autos für Gewerbetreibende. Der 20m Turnier hingegen hatte einen komplett mit Teppich ausgelegten Laderaum, wo andere mit Gummimatten aufwarteten. US-Station-Wagons, durchaus in Westdeutschland zu haben, spielten in einer ganz anderen Liga. Der weiterhin lieferbare, aber auf dem Heimatmarkt nahezu nicht mehr gefragte Lieferwagen auf Turnier-Basis besaß zwei Türen. Er verkaufte sich dort gut, wo derartige Fahrzeuge steuerlich begünstigt waren, beispielsweise in Österreich und der Schweiz, in den Benelux-Staaten und in Frankreich. In Westdeutschland wurde der Lieferwagen wie ein Pkw besteuert, also reine Hubraumsteuer, weswegen ein Gewerbetreibender dann lieber einen Turnier erwarb.

Ford bot den P5 Turnier serienmäßig fünftürig an. Das bedeutete einen Imagewandel für diese Fahrzeugkategorie, der, wie so vieles, seinen Ursprung in den USA hatte. Dort war ein Station Wagon schon lange kein »Delivery Vehicle« mehr, sondern ein »Family Car«, und entsprechend ausgestattet. Dieser Imagewandel vom Handwerkerfahrzeug zum familiengerechten Freizeitwagen vollzog sich in Europa Mitte der 60er Jahre, und der P5 Turnier war daran maßgeblich beteiligt. Mit viel Chrom, Weißwandreifen und schön gezeichneter Dachreling sieht dieser 20m Turnier sehr chic aus.

Er hat im Burgund überlebt, im Originalzustand, aber nicht ohne Patina. Der Franzose bezeichnet diesen Zustand als »dans son jus«, quasi »im eigenen Saft«. Aufnahme im Jahre 2002.

Behörden, Fuhrunternehmer und Geschäftsleute wurden mit dem P5 Turnier ebenfalls froh, und wer beruflich viel unterwegs ist, freut sich über eine angemessene Motorisierung. Dieser Turnier steht in Diensten des Bundesverbandes des deutschen Güterfernverkehrs. Er war viel auf Autobahnen unterwegs, und auf dem Foto parkt er auf einem Rastplatz neben einem ADAC-Volkswagen.

In guter Tradition baute das Karosseriewerk Karl Deutsch Cabriolets mit aufwändig gefüttertem Verdeck auf Basis der Zweitürer-Limousine, nun 2+2-Sitzer, und Welsch in Mayen lieferte, wie schon beim 12m P4, einen Sport-Roadster mit windigem Flatterverdeck. Das Deutsch-Cabriolet konnte via Ford-Händler erworben werden; wer einen (etwas preiswerteren) Sport-Roadster von Welsch wollte, musste nach Mayen gehen. Der P5 hatte ein Attribut in die Mittelklasse getragen, das bislang Luxuswagen vorbehalten war: die Zwangsentlüftung, die auch ohne geöffnete Scheiben für einen ständigen Luftaustausch im Innenraum sorgte und sich von außen durch das Chromgitter an der C-Säule manifestierte. Nettes Detail: Hinter dem hinteren Nummernschild ist ein Schloss versteckt. Wird der Schlüssel nach rechts gedreht, öffnet sich der Kofferraumdeckel. Dreht man ihn nach links, springt der Tankdeckel auf.

Karl Deutsch lieferte erneut die Cabriolets, basierend auf der Zweitürer-Limousine. Die Stückzahlen waren marginal, der Umbaupreis betrug rund 4500 Mark. Man sollte meinen, dass eine solche Investition eher in einen 20m TS getätigt würde. Doch der abgebildete Wagen ist ein 17m.

In Westdeutschland nicht verbreitet, in Ländern mit steuerlichen Vorteilen für dieses Genre hingegen schon: 17m Lieferwagen mit Verblechungen anstelle der hinteren Seitenscheiben. Aufnahme in Brunnen am Vierwaldstätter See in der Schweiz, neben dem Mercedes W 108 lauter Ford: P5 Lieferwagen aus Dänemark, P3 aus Basel und P4 aus dem Kanton Schwyz.

Die optischen Unterschiede zwischen 17m und 20m waren gering. Natürlich war der 20m besser ausgestattet als der 17m, doch abgesehen von seiner verchromten Flankenzierleiste und dem Heckschriftzug konnte der Kunde seinen 17m optisch genauso aussehen lassen wie einen 20m. Und dem TS sah man seine Sonderstellung gegenüber einem 85-PS-20m erst recht nicht an. Die einen mögen den nahezu nicht vorhandenen Unterschied bedauert haben, die meisten begrüßten ihn. Denn Mitte der 60er Jahre befand sich Westdeutschland auf einem sehr hohen Wohlstandsniveau (wenngleich dieses stagnierte), die Kunden mussten also nicht unbedingt nach außen demonstrieren, dass sie sich einen teureren Wagen leisten konnten.

Deutschlands günstigster V6

Der Taunus 20m P5 war nicht nur Deutschlands preiswertester Sechszylinder, er war auch ein sehr diskreter Sechszylinder. Und ein sehr beliebter. Er machte das Sechszylinder-Fahrgefühl in einer bislang ausschließlich von vier Töpfen beherrschten Klasse möglich. Der V6 hatte einen sehr angenehmen und dabei sonoren Klang. Auch wenn er eine amerikanische Konstruktion ist, so ging er doch als »Kölner V6« in die Geschichte ein und er begleitete den großen Ford bis zuletzt, bis in die Scorpio-Ära, zum Schluss sogar mit 24V-Alu-Zylinderkopf. Sein Leben hauchte er erst 2011 aus. Es gab Autofahrer, die alleine wegen des

Ob mit V4 oder V6: Der P5 war ein Taunus der zuverlässigsten Sorte, und dank der gewachsenen Abmessungen auch im Taxigewerbe zu finden: Griechische Straßenszene im August 1973 mit Taunus 17m Taxi, gefolgt von Peugeot 403, einem japanischen Dreirad-Lieferwagen und einem Toyota Crown 1900 S40 von 1962.

Kölner V6 regelmäßig einen neuen, großen Ford kauften: P5, P7a und b, Granada in zwei Generationen, schließlich Scorpio. Die Autozeitschrift »Auto Motor Sport« spulte mit einem 20m TS binnen acht Monaten 50.000 km herunter, »ohne Ärger«, wie im Fazit in Heft 10/1967 nachzulesen ist. Er sei »das zuverlässigste Auto (...), das wir bisher einem Dauertest unterzogen haben«.

Jeder P5 trug vordere Scheibenbremsen, der 20m TS kam serienmäßig mit Bremskraftverstärker (sonst aufpreispflichtig). Auch eine Windschutzscheibe aus Verbundglas gab es gegen Aufpreis, für einige Märkte war diese auch getönt. Ab 1965 erhielt man das elektrische Golde-Stahlschiebedach optional, auch für den Turnier, parallel dazu wurde auch eine Version mit Handbetätigung angeboten. Innen war der 20m feiner gemacht als der 17m. Der Sechszylinder trug Teppichboden, auch die Türverkleidung war mit Teppichmaterial ausgelegt, das Lenkrad korrespondierte mit der Innenraumfarbe, die Armaturen von silbernem Riffelblech eingerahmt, das Handschuhfach beleuchtet, hinten ausklappbare Mittelarmlehne und Leselampe, es gab einen Tageskilometerzähler und gehupt wurde in zwei Tönen. TS-Merkmale waren die vorderen Einzelsitze, Mittelkonsole, Bremskraftverstärker, Fanfare und Weißwandreifen.

Ford bot den P5 in Uni- und erstmals auch in Metalliclacken an, das Dach konnte in anderer Farbe bestellt werden, es gab viele Variations-

Im vollen Ornat: 20m mit viel Chrom, glänzende hintere Riffelblechverkleidung mit zwei Rückfahrscheinwerfern und zwei Katzenaugen.

Tief geschüsseltes Lenkrad mit verchromtem Hupring, die Armaturenbrettgestaltung geradezu spiegelbildlich, die Armaturen von silbernem Riffelblech eingerahmt im 20m.

Weit gereist: Viertüriger 20m bei St. Tropez, in der Bucht St. Maxime in Südfrankreich, im April 1968.

Serienmäßiger Unterbau, flacheres Dach, schräger gestellte Front- und Heckscheibe, keine B-Säule, voll versenkbare Seitenscheiben, die Türen rahmenlos: Das ist die Hardtop-Bauweise, und Ford schaffte es, das P5 Coupé sehr elegant aussehen zu lassen.

Eingeklemmt zwischen den Sternenträgern und auf unsicherem Terrain präsentiert sich dieses 20m TS Hardtop Coupé im Jahre 1973 vor dem Eingang des Ostberliner Valuta-Hotels »Unter den Linden«. Alle drei Fahrzeuge waren zum damaligen Zeitpunkt bereits außer Produktion. Der Mercedes W 108 musste im Jahr zuvor der neuen S-Klasse W 116 weichen, und der Ponton-Mercedes 220 rechts war ein richtig alter Wagen, ein veritabler Vertreter der 50er Jahre.

möglichkeiten. Die Felgen waren bei Fahrzeugen in Unilack in Karosseriefarbe, in Dachfarbe bei zweifarbigen. Und es gab ihn auch ganz in Schwarz. Exklusiv für den 20m TS gab es 1965 die Metallictöne »Silbergrün Metallik 64« und »Silberblau Metallik 65« (»Metallic« noch mit hinterem k geschrieben), im Folgejahr 1966 exklusiv für den TS »Gold Metallic 66« sowie »Silbergrau Metallic 66«, mit silbernen oder goldfarbenen Polstern verknüpft. Die Sitze waren wahlweise komplett mit Vinyl oder in einer Vinyl/Stoff-Kombination bezogen.

Das Publikum nahm den P5 warmherzig auf. Ford jagte Opel Marktanteile ab, der P5 beschleunigte den Rekord A aus, Ford war 1965 auf Platz zwei hinter Volkswagen und vor Opel. Und dann kam zur IAA 1965 auch noch das P5 Coupé, eine hinreißende Kreation, zunächst nur als 20m angeboten, ab Dezember 1966 auch als 17m, doch die Coupé-Käufer gönnten sich mehrheitlich den stärksten V6, also den 20m TS. Wie beim P4 entsprach der Unterbau dem der Zweitürer-Limousine. Der Dachaufbau war aber verkürzt und niedriger, Front- und Heckscheibe weniger steil gestellt. Das war Pflicht. Die Kür hingegen war die Hardtop-Bauweise, topmodisch, très américain! Bei ihr wird auf eine durchgehende B-Säule verzichtet, die Türen kommen ohne Fensterrahmen aus (abgesehen vom Dreiecksfenster), alle Seitenscheiben sind voll versenkbar. Sind sie herabgelassen, kommt im Wagen ein wenig Cabriolet-Feeling auf, der Wind pfeift durch den Innenraum, die Passagiere bekommen aber im Sommer keinen Sonnenbrand im Genick. Ein Problem bei Hardtops ist freilich die Dichtigkeit, denn die Fenster müssen sehr exakt geführt werden, und die vordere und hintere Seitenscheibe berühren sich nur durch eine Gummidichtung. Opel reagierte sofort und pflanzte dem Rekord A, besonders dessen Coupévariante, den 2,6-Liter-Sechszylinder aus dem Kapitän ein. Dieser Rekord L-6 (Spitzname: »Rekortän«) war kein Erfolgsmodell, aber der erste Schritt zum über dem Rekord angesiedelten Opel Commodore, mit dem Rüsselsheim auf die Ford-Sechszylinder-Invasion reagierte.

Im April 1966 präsentierte Ford den 20m TS auch mit Knüppelschaltung. Die war vor dem Krieg üblich gewesen, danach von der Lenkradschaltung verdrängt worden, aber zusehends als Attribut sportlichen Fahrens wieder entdeckt. Den gegenteiligen Effekt, nämlich erhöhten Luxus, versprach die Taunomatic, eine aus den USA (dort: Cruise-O-Matic) übernommene Dreigang-Automatik, mit der Ford ab Herbst 1965 den Saxomat ersetzte. Die Schaltstufen der Taunomatic waren anfangs etwas anders als üblich angeordnet: P R N 2 3 L, später wurden sie standardisiert in: P R N D 2 1. Im März 1966 wahlweise 12-Volt-Elektrik mit Drehstromlichtmaschine gegen Aufpreis, im Sommer war auch der Turnier als 20m TS lieferbar und den 17m gab es mit geringerer Verdichtung zusätzlich mit 65 statt 70 PS. Gleichzeitig Mittelschaltung für den 17m nur mit Vierganggetriebe sowie Einzelsitze statt Sitzbank, gegen Aufpreis sogar Liegesitze. Tankvolumen nun 55 statt 45 Liter. 1967 reagierte Ford auf sinkende Verkaufszahlen mit der einheitlichen »Weißen Serie«, einer 17m-Sonderserie in 3000 Exemplaren, ganz in Weiß, innen blau mit Einzelsitzen, Viergang-Knüppelschaltung, Stoßstangenhörner, Rückfahrscheinwerfer, Radzierringe und Schwellerzierleiste. Der weiße Ford kostete 7500 Mark. Eine 2,3-Liter-Version des P5 gab es nie, wenngleich der Spiegel bereits im Oktober 1966 vom kommenden »23m« berichtete. Dieser Motor sollte erst den Nachfolger beflügeln.

Exklusivfarbe für den 20m TS: Gold Metallic 66. Den 17m kauften die Kunden vorwiegend zwei-, den 20m eher viertürig. Ein 20m TS mit zwei Türen war fast schon selten. Parkplatznachbar auf dem Berliner Kaiserdamm ist ein Opel Rekord C, im Vorbeifahren ein VW Karmann Ghia Coupé.

Ein Vinyldach gab es für den P5 nicht. Aber die Mode der Vinyldächer Ende der 60er Jahre brachte Nachahmer auf den Plan, welche die Vinyl-Oberfläche durch entsprechenden Lack imitierten. Als Fotomodell dient ein P5, Werbung entnommen der Auto Motor Sport Nummer 23/1969.

Der Taunus macht Ford in Deutschland groß

Der P5 hatte nicht unmaßgeblichen Anteil am Wachstum von Ford. Unter der Leitung von Robert G. Layton wuchs das Kölner Werk von einer vergleichsweise kleinen Autofabrik mit 7,8 Prozent Marktanteil (1956) zum drittgrößten deutschen Hersteller mit 18,5 Prozent Marktanteil 1965. Produktionszahlen: Zwischen September 1964 und Juli 1967 wurden 710.059 Ford P5 gebaut, im Einzelnen: 424.331 Taunus 17m und 170.650 Taunus 20m plus 72.050 Taunus 17m Turnier sowie 22.418 Taunus 20m Turnier. Dazu kamen 20.574 Taunus 17m Lieferwagen, fast ausschließlich für den Export.

Auch in der DDR war ein Ford P5 vereinzelt anzutreffen, hier sogar ein 20m mit Schiebedach und Weißwandreifen, Zulassung aus dem Bezirk Dresden und aufgenommen, als er ziemlich neu war.

Kein Ford P5, wie er in Köln geboren wurde, sondern die Arbeit eines engagierten Karosseriebauers aus der ČSSR, erschaffen nach dem Motto: »Was nicht passt, wird passend gemacht.« Aufgenommen Ende der 70er Jahre in Schweinfurt.

Der Stolz seines Besitzers, augenscheinlich noch im originalen, türkisfarbenen Erstlack. Aus dieser Perspektive wirkt er gar nicht so befremdlich.

ELEGANZA ITALIANA: DAS OSI-COUPÉ

Da war nichts abgesprochen. Die Italiener taten es auf eigene Initiative. Sie bauten ein Coupé mit der Mechanik des Ford Taunus 20m TS und stellten es auf ihren Stand auf dem Genfer Salon im März 1966. Die Officine Stampaggi Industriali (Osi) in Turin war ein Ableger des Designstudios Carrozzeria Ghia, dessen Inhaber Luigi Segre die Stylingabteilung (Ghia) von der Karosseriefertigung (Osi) trennen wollte. Dazu gründete er 1960 zusammen mit dem Rechtsanwalt Arrigo Olivetti die Firma Osi. Nach Segres Tod 1963 war Olivetti alleiniger Inhaber und Osi wurde autonom. Osi produzierte bis zur Aufgabe der Autoherstellung 1968 unter eigenem Namen Sonderaufbauten in manueller Serie, darunter auch einen britischen Ford mit eigenständiger Karosserie für den italienischen Markt, den Anglia Torino. Und eben den Osi 20m TS, geschaffen vom Designer Sergio Sartorelli, der auch den VW 1600 Karmann Ghia Typ 34 und das Fiat 2300 S Coupé schuf und 1965 von Ghia zu Osi wechselte.

»Fastback«, also »schneller Rücken« nennt man diese Form der Heckgestaltung, und der Ford/Osi 20m TS wirkte tatsächlich sehr schnell, schneller als er tatsächlich war. Die Ford-Mechanik machte ihn zum alltagstauglichen Fahrzeug für Liebhaber, der Service fand beim Ford-Händler um die Ecke statt. Aber er sah eben zu sehr nach Maserati, Lamborghini, Iso, Bizzarini & Co. aus, als dass er mit der Ford-Mechanik seinem Äußeren hätte gerecht werden können. Nicht Fisch, nicht Fleisch.

Auf dem Genfer Salon 1966 standen zwei Osi 20m TS, ein Exemplar mit Fergat-Stahlsportfelgen mit Chromradkappen, das zweite mit Borrani-Speichenfelgen. Die Ausstellungsstücke unterschieden sich vom späteren Serienmodell vorrangig durch die Luftkiemen hinter den vorderen Radhäusern, sie trugen Seitenblinker auf den Vorderkotflügeln, keine Schriftzüge und eine andere Tankeinfüllklappe als später in Serie, auch das Armaturenbrett war anders bestückt. Alle Serien-Osis waren mit 15-Zoll-Fergat-Felgen versehen, die Chromspeichenfelgen wurden werksseitig nie angeboten. Die Technik war eins-zu-eins vom Taunus 20m TS übernommen, lediglich die Hinterachse war kürzer übersetzt, um das Mehrgewicht von 100 Kilo gegenüber der Serien-Limousine beim Beschleunigen auszugleichen. Und der Osi trug 15-Zoll-Räder, während der P5 auf 13-Zöllern rollte.

Der kraftvoll-elegante Osi war ein ausgewachsenes Viersitzer-Coupé auf unverändertem P5-Unterboden, also mit dem gleichen Radstand und mit 4,56 Metern sogar acht Zentimeter länger als die Limousine und deren neun breiter, dafür 14 Zentimeter niedriger – also Gardemaß für ein erwachsenes Coupé. Einige Anbauteile kamen dem Betrachter bekannt vor, und tatsächlich griff Osi umfangreich in die Ersatzteilkisten anderer Hersteller. Einige Beispiele: Aschenbecher vom Maserati Ghibli, Scheinwerfer und vordere Blinker von der Alfa Giulia Berlina, Hupknopf auf der Lenkrad-Nabe vom Fiat 500/600, Außenrückspiegel Alfa Romeo, Innenraumbeleuchtung am Dachhimmel vom Porsche 911 Targa - kleine italienische Karossiers griffen gerne auf Vorhandenes zurück, und unter Autoliebhabern und -kennern ist es ein beliebtes Spiel, herauszubekommen, wer welche Fremdteile an welchem Kleinserienfahrzeug verwandte.

Der Auftrag stammte jedenfalls nicht aus Köln, denn Ford hatte ja gerade die schön gezeichnete Hardtop-Version des 20m lanciert. Den Erfolg des Mustang in den USA im Hinterkopf und von der Konzernzentrale in Detroit bedrängt, dem Trend zum sportlichen Wagen zu folgen, entschied Bobby Layton, den Osi ins offizielle Ford-Programm zu nehmen und über das eigene Händlernetz zu vertreiben - immerhin war das ein Wagen, der den Ford-Ausstellungsraum schmückte und der das Ford-Prestige erhöhte. Die Präsentation erfolgte Ende August 1966 auf Schloss Georgshausen bei Köln, sieben Fahrzeuge, präsentiert von Mannequins, begeisterten Händler und Journalisten. Die Schwabengarage in Stuttgart, die exklusiv die Turbo-Umrüstsätze von Michael May vertrieb, hatte 1969 auch eine Preisliste für den Umbau des 2,3-Liter-Osi auf Turbo: 17 Arbeitsstunden plus 2673,91 D-Mark Material brachten 180 statt 108 PS.

Es war eine kleine Sensation, was sich auf dem Genfer Salon des Jahres 1966 im Rampenlicht drehte: Ein italienisches Coupé mit ganz ausgewachsenen Dimensionen, ein richtig großer Wagen, und dennoch mit der Leichtigkeit und Grazie gezeichnet, wie es nur die Italiener können. Der Prototyp mit Borrani-Speichenfelgen, Kiemen hinter den Radausschnitten, Seitenblinkern und ohne Embleme.

Ford hatte ab Januar 1967 ein rassiges und schönes Coupé, zusätzlich zum P5 Hardtop Coupé, als Attraktion im Showroom. Auf dem Foto verbiegt das Mannequin mit ihrem Fuß das Kennzeichen. Und lacht dazu auch noch!

Ford spedierte die notwendige Technik nach Turin und bekam Komplettfahrzeuge zurück. Sechs Serienfarben: Cremeweiß, Dunkelblau, Rot, dunkles Gelb (ins Ocker gehend), Mittelblaumetallic und Stahlgraumetallic (vulgo: Silber), Innenausstattung entweder Stoff/Kunstleder (hell-/dunkelbraun oder hellgrau/schwarz) oder Leder/Kunstleder (rot oder beige oder dunkelbraun, letzteres beinahe schon schwarz). Motor- und Kofferraum waren fast immer schwarz lackiert. Der Ford Osi 20m TS war ein Kleinserienfahrzeug, also in manueller Serie gebaut, ein Liebhaberstück, und der Liebhaber musste an die Verarbeitungsqualität Zugeständnisse machen. So waren Karosseriereparaturen immer ein Vabanquespiel, und selbst die vorderen Kotflügel waren fest mit dem Rest verschweißt, nicht abschraubbar. Jedenfalls sah der Ford Osi 20m TS für einen automobilen Laien aus wie ein Ferrari GTO, aber seine Fahrleistungen hinkten dem Äußeren hinterher.

Ein herrlich italienisches Interieur, wahlweise Skai mit Stoff kombiniert oder eine Echtlederausstattung. Platz für Vier, sehr ungewöhnlich bei dieser Fahrzeugkategorie. Aber 14.900 D-Mark für den 2 Liter respektive 15.200 D-Mark für den 2,3 Liter waren eine schöne Stange Geld.

In der zweiten Hälfte der 60er Jahre war Silbermetallic noch ein ganz besonderer Lack. Bei Ford gab es nur die TS-Versionen des 20m P5 in Metallic, und eben den Osi.

Ab Januar 1967 gab es den Osi als 2000 S (90 PS, 6-Volt-Anlage), im November 1967 folgte der 2300 S (108 PS, 12-Volt-Anlage), beide gebaut bis Juli 1968. Insgesamt circa 2200 Exemplare (es kursieren auch weit höhere Produktionszahlen, um die 3500, doch das ist unwahrscheinlich, weil es mit den verwendeten Chassisnummern nicht korrespondiert). Nach Deutschland wurden 1279 Exemplare importiert, 870 Fahrzeuge mit 2 und 409 mit 2,3 Litern, der größte Teil des Restes verblieb in Italien, wenige Osi 20m TS importierte Ford-France.

Die Osi-Produktion überlebte den Modellwechsel vom 20m P5 zum 20m P7a, und so gibt es Osis auf Basis beider, dabei aber kaum optische Unterscheidungsmerkmale (Bedienelement der Lüftung/Heizung, Motorhaubenöffner, Knebel an den Dreiecksfenstern).

In den 80ern restaurierter Osi mit Abarth-Emblem (und entsprechender Auspuffanlage), güld'ner Coachline und weißer Reifenbeschriftung. Die Felgen sind nicht original, aber zeitgenössisch – nicht italienisch von Campagnolo oder Cromodora, sondern teutonisch von Remotec. Diese Felge ist der Vorgänger der allseits bekannten Ronal-Kleeblatt-Felge.

Der Wagen begeisterte, auch Prominente wie die französische Sängerin Sylvie Vartan und Roy Black fuhren Osi. Roy Black ließ sich sogar vor seinem roten Osi fotografieren, was zum Aufmacherbild einer Bravo-Story (»Eure Stars und ihre Autos«) wurde. Jochen Neerpasch ließ sich in seiner Zeit als Ford-Motorsportchef einen Osi mit dem 2,6-Liter des Ford 26m bauen, der aber anstelle der üblichen 125 PS deutlich mehr leistete.

Auf dem Turiner Salon 1967 zeigte Osi das Einzelstück eines Cabriolets mit um 20 cm verkürzter Plattform, das in Wiesbaden überlebt hat. Gerüchte besagen, dass Deutsch um die fünf Osi mit Normalradstand zu Cabriolets umgebaut haben soll. Aber wahrscheinlich sind das wirklich nur Gerüchte. Womöglich sind es nachträglich geöffnete Fahrzeuge, denen durch das Attribut »Deutsch« eine gewisse Originalität bescheinigt werden soll. Also Fake-Osis.

Herrlich restauriertes Einzelstück: Der Cabriolet-Werksprototyp mit verkürztem Radstand hat in Deutschland überlebt und erstrahlt in neuem Glanze. Die 20 Zentimeter weniger zwischen den Rädern machen ihn zum Zweisitzer und verleihen ihm komplett andere Proportionen. Ein richtig knackiger Spider!

Ein Dauerparker am Waldesrand, an einem Feldweg, irgendwo in Deutschland, auf Privatgrund. Unglaublich, dass ein solches Stück abgestellt und sich selbst überlassen wird. Der Wagen ist im originalen dunklen Ockergelb lackiert und augenscheinlich komplett, aber selbst die sichtbaren Rostschäden lassen Böses erahnen.

SCHLEPP-UNFALLINSTANDSETZUNG
AUSLANDSDIENST
ADAC
WERNER
731010 RIEDEL 731010
ADAC
Straßendienst
WERNER RIEDEL
M-DU 381
M-VN 999
STRASSENWACHT
M-UC 1224

KAPITEL 9

Ford P6: Brot, Butter sowie die »Formel RS«

Das Erfolgsrezept des P3 im Hinterkopf, machte sich Köln 1962 an die Entwicklung eines neuen 12m, aerodynamisch, leichtgewichtig und mit leicht sportlichem Einschlag. Der Vorgänger P4 hatte, trotz seines unbestrittenen Erfolgs und seiner ebenso unbestrittenen Qualitäten, den Ruf eines Kuckuckseis. Er war den Kölner aus Detroit aufoktroyiert worden und bedeutete gewissermaßen eine Schmach. Seinetwegen musste ein in Köln fertig entwickeltes Fahrzeug auf den Schrottplatz geworfen werden. Das wollte sich Köln nicht nochmals antun lassen. In den »Deutschen Autos« urteilt Werner Oswald viel zu hart, wenn er den P4 als »verkorkste Konstruktion« bezeichnet und Ford-Köln ein »redliches Bemühen« unterstellt, daraus »doch noch ein brauchbares Automobil zu machen«.

Verkorkst war der P4 nicht, eben amerikanisch, doch Köln wollte mit seinem Nachfolger mehr als nur ein »brauchbares Automobil« bauen und konstruierte den P6 weitgehend neu. Tatsächlich vom Vorgänger stammten die V4-Motoren und der Unterbau, somit auch der Radstand, das war es dann aber auch schon, denn die Spur wurde deutlich breiter. Die etwas abenteuerliche Vorderradaufhängung des P4 wich fortschrittlichen McPherson-Federbeinen mit Dreiecksquerlenkern, die projektierte hintere Einzelradaufhängung wurde aber dem Kostendiktat geopfert, es blieb bei einer nunmehr modifizierten Starrachse mit Blattfedern, Zahnstangen- statt Kugelumlauflenkung.

Die Karosserie zeichnete Wesley P. Dahlberg völlig neu, und die einzige Reminiszenz an den Vorgänger waren die mandel- oder tropfenförmigen Rückleuchten des 12m. Der P6 war der erste deutsche Ford, der dem so genannten Coke-Bottle-Style nacheiferte, einer Anhebung der Karosserieoberflanke in Höhe des hinteren Seitenfensters – eine amerikanische Mode, erstmals von Raymond Loewy am '62er Studebaker Avanti verwirklicht und danach während der 60er Jahre überall dort realisiert, wo der amerikanische Automobilgeschmack dominant war. Einen absoluten Popularitätsschub bekam der Colaflaschen-Stil dadurch, dass nahezu alle amerikanischen Muscle Cars ihm frönten, und diese Fahrzeuge nahm sich natürlich jeder Designer zum Vorbild. Dahlberg betonte den Hüftschwung durch die seitliche Blecheinbuchtung, deren Oberkante ihm formal folgte. Der praktische Vorteil dieser Karosserieform ist die hoch angesetzte Heckpartie, die ein großes Kofferraumvolumen mit sich bringt, praktische Nachteile sind die deswegen niedrige Heckscheibe, teilweise auch niedrige hintere Seitenscheiben, was die Rundumsicht und den Lichteinfall verringern. Ende der 60er Jahre hatte man sich an dieser Mode satt gesehen, die letzten Neuerscheinungen mit Hüftschwung erschienen zum Modelljahr 1970/71. Doch gerade Ford wollte dies nicht wahrhaben und lancierte noch 1972 den zweitürigen Consul/Granada Fastback mit schwer ausgeformtem Hüftschwung und musste diese Fehleinschätzung teuer bezahlen: Nach nur zwei Jahren Bauzeit wurde das Design geändert und die Flanke begradigt.

Abgesehen davon zeichnete Dahlberg den Ford P6 eher flächig und ohne Rundungen, jedoch mit leicht abgerundeten Kanten, was ihm, ohne dass man es ihm ansah, einen erstaunlich guten Luftwiderstandsbeiwert verschaffte (auch wenn Kritiker von einer »klobigen Form« sprachen).

Es gab wieder einen 15m. Beide P6-Versionen trugen dieselbe Rohkarosserie, aber das vordere und hintere Abschlussblech variierten, was den beiden Typen eine relative Eigenständigkeit verlieh. 12m mit Rundscheinwerfern und hoch aufragendem Chromgrill mit senkrechten Rippen, hinten die tropfenförmigen Leuchten im bisherigen P4-Stil, 15m mit deutlich ernsterem Blick, schmaler, horizontal gestrebter Grill mit Rechteckscheinwerfern, die Rückleuchten ebenfalls rechteckig und länglich, dazu eine Schwellerzierleiste und eine Chromzier an der Unterkante der C-Säule. Es ist generell erstaunlich, wie klein damals die Rücklichter an Ford-Fahrzeugen waren, obgleich genügend Platz vorhanden gewesen wäre. Andere Hersteller gönnten ihren Wagen größere und besser zu erkennende Rückleuchten.

Ford mit Bügelfalte

Gleich zu Beginn im September 1966 offerierte Ford das komplette Karosserieprogramm: Limousine zwei- und viertürig, Coupé und zweitüriger Turnier, jeweils als 12m und als 15m, zusätzlich den Lieferwagen mit Verblechung anstelle der hinteren Seitenscheiben, dieser nur als 12m. Interessanterweise gab es für den 12m auch die 15m-Maschine gegen Aufpreis (aber nicht umgekehrt), und im Laufe der Zeit gestaltete sich die Motorenauswahl noch verwirrender, weil auch noch das 17m-Aggregat in den 15m Einzug hielt.

Die neuen Wagen wurden positiv aufgenommen, die Sicke an der Karosserieflanke wurde liebevoll »Bügelfalte« genannt, Spötter sprachen von der »Kummerfalte«, und erneut bot Ford viel Auto fürs Geld. Neben einem Ford 12m sah ein Opel Kadett B wie ein Kleinwagen aus, und nicht nur die Schale war beim Ford größer, sondern auch der Inhalt: mehr Platz für Fahrgäste und Gepäck. Generell galt bis in die 70er und frühen 80er Jahre hinein: Der Ford war ein größeres Auto als der vergleichbare Opel, wer Platz brauchte, wählte meist den Ford.

Der Kunde konnte zwischen Stoffbezug, Stoff/Vinyl-Kombination oder komplettem Vinylbezug für die Sitzmöbel wählen. Interessant: War zuvor die Sitzbank Standard und Einzelsitze aufpreispflichtig, so kostete nun die vordere Sitzbank mit einzeln umlegbaren Lehnen Aufpreis. Es gab anfangs zehn Unilackierungen, gegen Aufpreis zweifarbig (Dach). Die Felgen nun nicht mehr in Karosseriefarbe, sondern silbern lackiert. Der 15m hatte am Armaturenbrett zusätzliche Lüfterdüsen.

Besonders fein der 15m TS: verchromte Fensterrahmen und verkleidete Regenablaufleiste, eine doppelte Zierleiste zwischen den Rückleuchten. Für 12m und 15m gab es als Paket die »Sonderausstattung«: Stoßstangenhörner, Radzierringe, zweiter Aschenbecher hinten, Zigarettenanzünder, beim 12m beinhaltete sie auch den Rückfahrschein-

Man gönnt sich ein 12m Coupé. Aber keinen 1,5-Liter-Motor und keine Zweifarblackierung. Coupé-Käufer votierten mehrheitlich für den 15m.

Braver Turnier: 15m noch mit Taunus-Schriftzug auf der Motorhaube, also zwischen September 1966 und August 1967 gebaut. Die Zweifarblackierung ist sehr hübsch, doch kaum jemand spendierte seinem Turnier dieses Extra (75 D-Mark Aufpreis).

werfer, beim 15m das Parklicht. Sodann gab es für beide die »Spezialausstattung«, ebenfalls als Paket: Teppichboden, verchromte Seitenfensterrahmen, Make-up-Spiegel in der rechten Sonnenblende, hintere Ausstellfenster beim Zweitürer, elektrische Uhr und beim 12m verstellbarer Beifahrersitz (später hieß das dann Deluxe-Ausstattung und umfasste auch eine Uhr beim 12m). Einiges davon gab es auch als Einzelextras.

Nur einzeln zu bestellen waren vordere Sitzbank, Liegesitze, Stahlkurbeldach, Verbundglaswindschutzscheibe, Zweifarbenlackierung, Weißwandreifen und diverse Radios. 1968 kamen als Extras Vinyldach, einteilige Radkappen im Speichendesign, 155 SR 14-Gürtelreifen und heizbare Heckscheibe hinzu, zudem gab es von Jahr zu Jahr mehr Metallictöne, während das Schwarz als Karosserielack ausschied.

Sehr früher 12m, erstes Modelljahr, noch mit »Taunus«-Schriftzug und in Zweifarblackierung. Mutti mit einer sehr aufwändig hoch toupierten Frisur, ganz feinen Handschühchen und ihrer besten Handtasche, das Töchterchen zwar todschick gekleidet, aber offensichtlich total unwillig: »Was soll ich hier? Ich will heim und spielen!«

Nicht gerade das übliche Hochzeitsauto. Offenbar war niemand bereit, dem Hochzeitspaar etwas Höherwertiges zur Verfügung zu stellen als diesen 12m, und am Blumenschmuck für das Auto wurde auch gespart. Immerhin hat es für ein Brautsträußchen gereicht. Es scheinen auch nicht gerade viele Gäste zugegen zu sein. Scheint damals kein rauschendes Fest gewesen zu sein ...

Umfangreiche Motorenpalette

Das Motorenangebot geriet groß und tatsächlich etwas unübersichtlich: 1,2 Liter mit 45 PS (nur 1967/68, der unveränderte Motor aus dem 12m P4, also der V4 mit Ausgleichswelle), die Volumenmaschine für den 12m war der V4, aufgebohrt auf 1305 cm³ mit 50 oder, leicht höher verdichtet, mit 53 PS. Der 15m behielt den 1498-cm³-Motor, 55 PS im normalen 15m und 65 PS im 15m TS – und die 55-PS-Version des 1,5 Liters war auch im 12m lieferbar, der eigentlich nunmehr 13m hätte heißen sollen. Aber weil jedermann weiß, dass viele Leute abergläubisch sind und die 13 als Unglückszahl sehen, gab es weder einen Ford 13m noch gibt es in Hochhaus-Hotels eine 13. Etage. Später offerierte Ford für den 15m auch den 17m-Motor mit 1,7 Litern, zunächst 70 PS, ab September 1968 sogar 75 PS. Anfangs nur Lenkradschaltung, ab Februar 1968 auf Wunsch »four on the floor«.

Als 1966 die erste Nachkriegs-Konjunkturdelle über Westdeutschland schwappte ging der Verkauf der großen P5 um die Hälfte zurück, derjenige der kleineren P6 erhöhte sich um die Hälfte, und Ford begann, um sein Motorenwerk auszulasten, mit dem Verkauf von Aggregaten an Fremdfirmen. So rüstete Matra in Frankreich seinen M 530 und Saab in Schweden seinen Typ 96 fortan mit zugelieferten Ford-V4-Motoren aus.

Früher 12m in Österreich, zu erkennen am »Taunus«-Schriftzug. Das Kennzeichen ist, gelinde gesagt, nonchalant befestigt.

Links der feinste, rechts der einfachste P6 von hinten. Dazwischen ein Mannequin in unnatürlicher, aber vermeintlich höchst lässiger Haltung. Tropfenförmige Rückleuchten beim 12m, rechteckige beim 15m. Zunächst hatte der TS zwei die Rückleuchten verbindende Zierleisten. Ab September 1968 war die Zierleiste beim RS und XL umlaufend und der Bereich dazwischen war schwarz ausgelegt.

Mit ernsterem Blick dank schmalerem Kühlergrill und Breitbandscheinwerfern blickt der Taunus 15m in die Welt. Noch ernster hingegen Kaiser Wilhelm I., das Reiterstandbild auf der Hohenzollernbrücke in Köln. Einzig der kleine Junge schaut fröhlich.

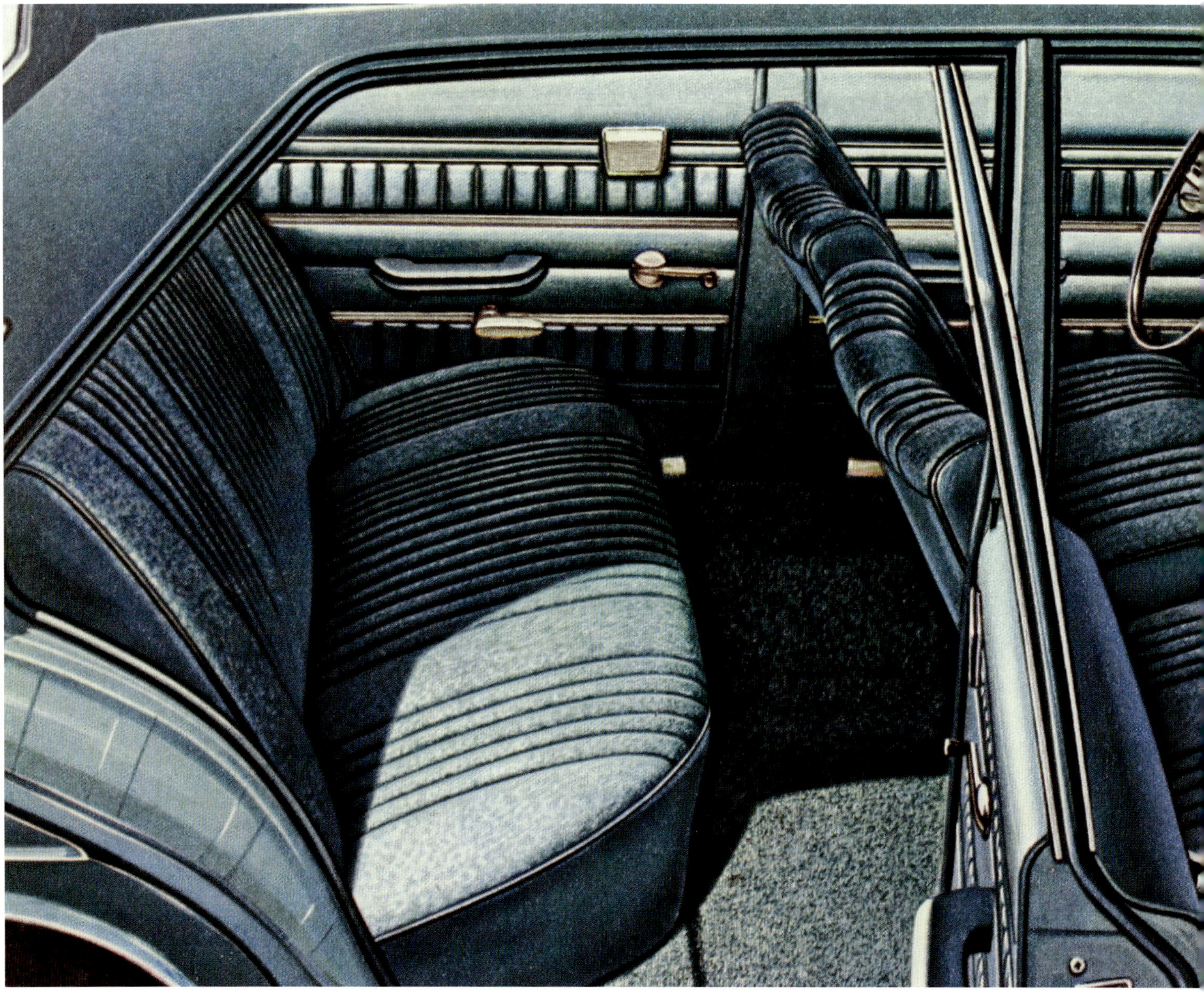

Gezeichneter (Prospekt-) Blick ins Innere eines frühen 15m, noch Breitbandtacho, also vor Modelljahr 1968.

Das Modelljahr 1968: Kein Taunus mehr

Nach einem Jahr, im September 1967 zum Modelljahr 1968, gab es erste Veränderungen: 12-Volt-Elektrik und Drehstromlichtmaschine, Zweikreis-Bremsanlage, Modifikationen am Armaturenbrett (mattschwarz, nicht mehr in Interieursfarbe) und Innenraum, größerer Tank. Zudem fiel die Bezeichnung »Taunus« weg. Aus dem Ford Taunus 12m und Ford Taunus 15m wurden der Ford 12m und Ford 15m. Ford begründete dies damit, dass sich zwei Typbezeichnung zu wenig ins allgemeine Gedächtnis einprägten. Anders gesagt: die Menschen seien damit überfordert. Keine Zweifarbenlackierung mehr, dafür schwarzes Vinyldach optional, Mittelschaltung, Bremskraftverstärker. Der 15m TS nun mit dem 17m-Motor und 75 PS als neues Topmodell.

Gleichzeitig kreierte Ford seine »Formel RS« und reagierte auf das neue sportliche Image (und die Verkaufserfolge) von Opel, das vor allem durch den vielfach verkauften Rallye Kadett geprägt wurde. Das war auch den Kölnern Ansporn genug, Fahrzeuge zu bauen, die nicht nur treu und brav waren, sondern auch faszinieren sollten. Sie schufen

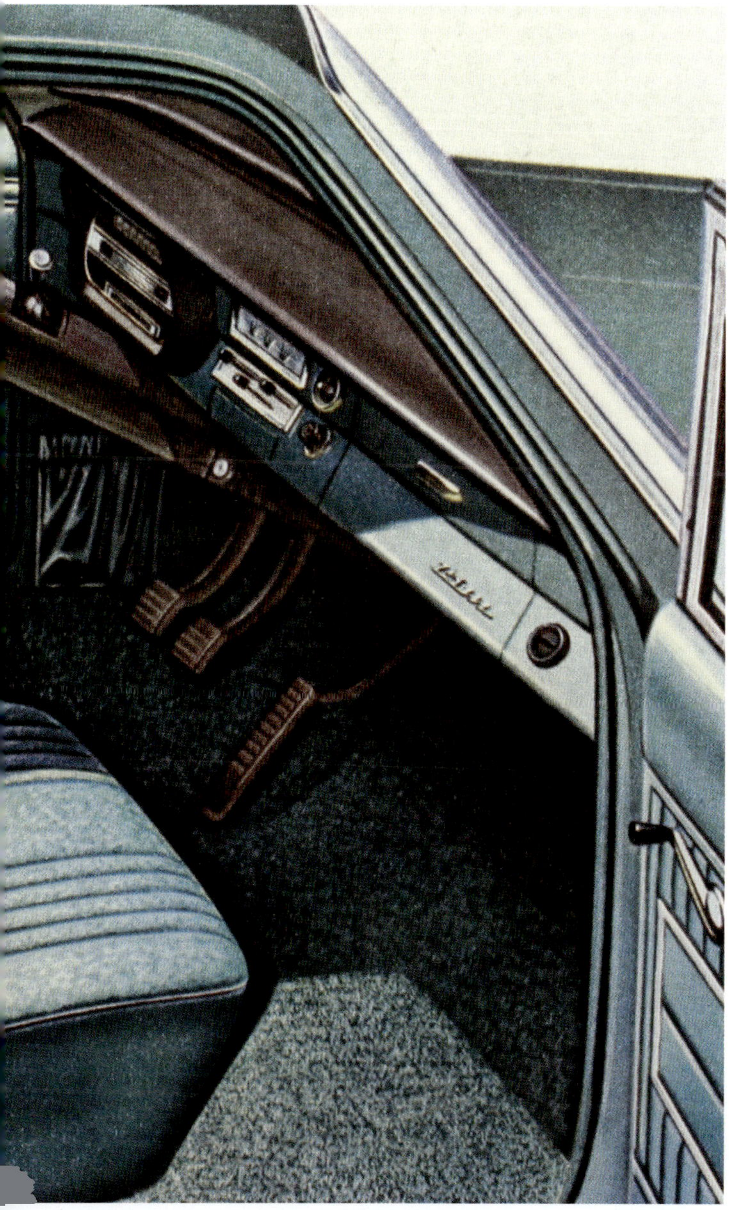

die RS-Linie, und »RS« steht für »Rallye Sport« oder »Renn Sport«, und das Buchstabenkürzel verwendet Ford bis heute. Die »Formel RS« bezog sich nicht nur auf den P6, sondern auch auf den P7a; auf der IAA 1967 stellte Ford die Typen 15m RS, 17m RS und 20m RS vor, Produktionsbeginn des 15m RS war im März 1968. Er rangierte über dem 15m TS.

Ford baute ihn als zweitürige Limousine und als Coupé, ausschließlich in Silbermetallic oder Weinrot mit schwarzem Dreifach-Rallyestreifen in der Flankensicke, schwarz hervorgehobener Mittelsektion auf der Motorhaube und schwarzer Streifen zwischen den Rückleuchten; die meisten Käufer bestellten ihren 15m RS mit schwarzem Vinyldach. Ähnlich wie beim Rallye Kadett bot Ford an, den Wagen ohne Rallyestreifen zu liefern – für jene diskreten Kunden, die keine Kriegsbemalung wünschten. Auch den Diskreten blieb der mattschwarze Grill mit zwei runden Zusatz-Halogenscheinwerfern nicht erspart, ebenso wenig wie die neuen silbernen Sportstahlfelgen ohne Radkappen, im Innenbereich mattschwarz ausgelegt und gegen Aufpreis sogar komplett verchromt erhältlich (heute unter Liebhabern extrem gesucht!), bestückt mit 155 SR 14-Gürtelreifen. Dazu kam ein Bremskraftverstärker. Innen hatte der RS folgende Unterschiede aufzuweisen: Neues Armaturenbrett mit Rundinstrumenten inklusive Drehzahlmesser und vier kleinen Zusatzinstrumenten in der Mittelkonsole (Ampèremeter, Öldruck-, Tank- und Temperaturanzeige), generell rote Zeiger in den Instrumenten, natürlich Einzelsitze vorne (optional Recaro-Sportsitze), Stockschaltung mit Holzknauf, Sportlenkrad mit Aluspeichen, im ersten Modelljahr ohne Holzimitat an Armaturenbrett und Türverkleidungen. Der »15m RS«-Schriftzug, auf dem Kofferraum- und Handschuhfachdeckel, war mit einer karierten Zielflagge geschmückt. Damit kopierte Ford eins zu eins den Rallye Kadett, und das einzige, was der Bochumer nicht aufzuweisen hatte, waren verchromte Sportstahlfegen und ein Vinyldach als Wunschausstattung. Den 15m RS gab es ausschließlich mit dem 70 PS starken 17m-Motor.

Die Sportskanone: Als Reaktion auf den überaus erfolgreichen Rallye Kadett von Opel lancierte Ford im Frühjahr 1968 den 15m RS, bereits ein halbes Jahr vorher auf der IAA präsentiert. Im Bild eine silberne Zweitürerlimousine der ersten RS-Serie.

Zweitürige 15m RS Limousine in Silbermetallic mit optionalem Vinyldach und Chromfelgen, ein Vertreter der zweiten RS-Serie nach 1968. Ein schweizerisches Fahrzeug aus Bern. Die Schweizer gönnten sich meist die schönsten Ausstattungsversionen.

RS der zweiten Serie ohne Kriegsbemalung: Optisch unterscheidet er sich vom 15m XL nur durch die Sportstahlfelgen, und dieser präsentiert sie sogar in der Chromausführung. Fröhliches Autowaschen 1979, der 15m RS ist schon ein alter Wagen. Vor ihm in der Garage ein Chrysler/Simca Horizon.

Die »Formel RS« beflügelte die Phantasie eines 15m-Turnier-Fahrers. Er möbelte seinen Wagen mit Rallyestreifen auf und gönnte ihm einen Satz verchromter Sportstahlfelgen. Auf der Straße der unvermeidliche Käfer, gefolgt von einem viertürigen Ford 20m P7b. Botonarboiton in Woct Borlin, Um bau eines Quelle-Kaufhauses: Ein Magirus Betonmischer liefert an, eine Schwing ABP 30 KVM-Betonpumpe mit Knickverteilermast auf verlängertem Unimog-Fahrgestell leitet den Beton weiter dorthin, wo er gebraucht wird.

Im September 1968 erschien die dritte Serie, erneut leicht verändert und mit neuen Ausstattungsversionen, der 15m RS auch als viertürige Limousine. Er war nunmehr in acht zusätzlichen Farben lieferbar, trug drei Instrumente im Armaturenbrett (Drehzahlmesser, Tacho, Uhr) und ein neues Lenkrad, ungelocht, dafür mit großem Pralltopf und teilweise mit schwarzem statt weißem Dachhimmel. Armaturenbrett, Mittelkon-

Ein Foto zur Erbauung der Schwerlast-Freunde: 12m P6 als Demonstrationsobjekt für die Aufnahmekapazität eines Kamag-Schwertransport-Aufliegers, aufgesattelt auf einem Mercedes Rundhauber. Kamag in Ulm wurde 1969 gegründet, dieses Foto dürfte aus deren absoluter Frühzeit stammen. Die Hinterräder des Tiefladers sind im Bereich der Rampe befestigt, weil der Auflieger sonst Überbreite hätte. Für den Übergang in die Entladestellung wird eine Verriegelung an den Hinterrädern geöffnet (hier hydraulisch) und dann einfach ein Stück zurückgesetzt. Dabei schwenken die Räder seitlich aus und die ganze Ladebreite ist heckseitig zugänglich. Bei dieser Ausführung wird das Ladebett hydraulisch auch noch abgesenkt, sodass sich der Rampenwinkel verbessert – viel besser als zuvor, wo das ganze Heck mit der Achse abzunehmen war und weggefahren werden musste. Das hat sehr viel länger gedauert.

sole und Türinnenverkleidungen waren nun mit Holzimitat geschmückt. Der 1,7-Liter-Motor erstarkte von 70 auf 75 PS. Gleichzeitig gab es eine neue Ausstattungsvariante: Der 15m XL ersetzte den 15m TS und erbte ein paar Details des RS, so den mattschwarzen Kühlergrill und die schwarze Linie zwischen den Rückleuchten (aber nun mit umlaufender Zierleiste) sowie dessen Holzdekor. Die Innenausstattung war aber farbig lieferbar, nicht nur in schwarz, und er wies Liegesitze auf. Den XL gab es, wie den TS, als 1500er mit 55 oder 65 PS sowie als 1700er mit 75 PS. Alle P6 bekamen nun das Armaturenbrett mit Rundinstrumenten, das zuvor dem RS vorbehalten war, der altmodische Breitbandtacho verschwand, neu auch das Dreispeichen-Sicherheitslenkrad mit Pralltopf und verkleideter Lenksäule (aber keine Sicherheitslenksäule!).

Ins Modelljahr 1969 ging der P6 fast unverändert, lediglich die Warnblinkanlage kam hinzu, aber das war keine Aufwertung oder Verbesserung, sondern folgte lediglich einer Vorgabe der Straßenverkehrsordnung.

Im Ford-Programm war der P6 zwischen September 1966 und August 1970. Produktion 668.187 Exemplare, darunter circa 385.000 Ford 12m und 285.000 Ford 15m, der 12m/15m Turnier lief rund 260.000 Mal vom Band. Herstellung hauptsächlich in Genk/Belgien, aber auch in Köln-Niehl. Zunächst entstanden nur Turnier und Coupé in Belgien, 1967 auch die Limousinen, 1968 wurde die Produktion nach Köln zurückverlegt, weil Genk nun der Escort-Produktionsort war.

Die Luxusversion 15m XL ersetzte im August 1968 den TS. Erkennbar ist sie an der schwarzen Blende zwischen den Rücklichtern, dem teilweise mattschwarzen Grill und, wie beim TS, an verchromten Fensterrahmen und Stoßstangenhörnern.

KAPITEL 10

Zu amerikanisch für Europa: Der P7a tanzte nur einen Sommer

Es war einfach an der Zeit für einen neuen Taunus 17m/20m. Der P5 hat seine Schuldigkeit getan, der P5 kann gehen. Er war nicht veraltet, nicht aus der Mode – er war einfach an der Reihe, abzutreten. Der langjährige Technische Direktor am Rhein, Jules A. Gutzeit, wurde krank, ging in Rente und bekam einen Nachfolger. Dearborn war der Meinung, auch der Entwicklungschef müsse nun ein Amerikaner sein, John Leslie Hooven. Er sollte Ford-Köln auf Linie bringen, Eigenmächtigkeiten verhindern. Nach Ansicht Henry Fords war die deutsche Filiale längst international aufgestellt, nicht mehr nur deutsch. Der Markt hieß Europa, der Markt verlangte also europäische Autos, und die hatten sich in der Ansicht der Konzernspitze am amerikanischen Maßstab zu orientieren. Das zu verwirklichen, war die Aufgabe von John Lesley Hooven.

Rolle rückwärts

Das ging ganz einfach mit einem radikalen Schnitt: Weg mit der »Linie der Vernunft«, hin zu einem US-Straßenkreuzer en miniature – also quasi die Rückbesinnung auf den Taunus 17m P2, den Barock-Taunus, der ebenfalls ein auf europäische Verhältnisse reduzierter US-Ford war. Die neue Maxime unter Hooven lautete: viel fürs Auge, viel Auto fürs Geld, wenig Technik, repräsentatives Äußeres. Hooven boxte diese Politik gegen den Widerstand der etablierten Ford-Leute in Köln durch und tat schlichtweg, was ihm aufgetragen wurde. Mit dieser Rückendeckung war Hooven letztlich sogar mächtiger als Generaldirektor Layton. Denn

Hooven hatte für alles und jedes das Totschlagargument auf seiner Seite: Was er durchführen wolle, entspreche der aktuellen Strategie in Dearborn. Und Köln hatte zu kuschen, das bewährte Management wurde zu Befehlsempfängern.

So entstand der Ford P7. Als er auf den Markt kam, war Hooven bereits wieder weg, nämlich Vizepräsident der neuen Ford-Europazentrale in London. Aber der P7 trägt seine Handschrift. Und natürlich diejenige des Designers Duncan McRae, eines Amerikaners, den Ford zunächst nach England gesandt hatte (wo er den Cortina Mk II verantwortete) und dann an den Rhein schickte, um den P7 zu zeichnen. Nach kurzem Kölner Intermezzo wurde er 1969 Chefdesigner bei Ford in Australien. McRae orientierte sich, ungeachtet des europäischen Geschmacks, an amerikanischen Vorgaben und war somit voll auf Hoovens Linie. Der P7 trug einen Hüftschwung in US-Manier (im Ford-Duktus: »hop bop«) und wuchs in allen Dimensionen bei gleich bleibendem Radstand, noch breitere Spur. Doch das war schiere Optik, die Innenraumgröße profitierte nicht vom Wachstum (allerdings der Kofferraum), und wegen höheren Gewichts und schlechterer Aerodynamik waren die neuen Wagen bei gleich bleibender Leistung lahmer als die Vorgänger – weswegen Ford auf stärkere Motoren setzte.

Doch es gab keinerlei technische Fortschritte, wodurch Ford im Vergleich zur Konkurrenz ins Hintertreffen geriet: Es blieb bei der hinteren Starrachse an Blattfedern, zwar Zweikreisbremsanlage, aber keine Sicherheits-Lenksäule. Positiv nahmen Fachleute und Kunden zur Kenntnis, dass die Geräuschdämmung wesentlich verbessert worden sei, kaum mehr Vibrationen und Dröhnen, bequemere Sitze.

Erneut erschienen die Modelle 17m und 20m, und nach dem P6-Muster gestaltete McRae Front- und Heckpartie unterschiedlich bei gleicher Rohkarosserie, zudem bekam der 20m eine ihm eigene Motorhaube. Bei identischen Scheinwerfern trugen beide Typen unterschiedliche Kühlergrills, freundlicher und mehr Chrom beim 17m, ernster beim 20m, dazu modellspezifische Rückleuchten und eine Chromblende für den 20m, der überdies eine wirklich kraftvoll wirkende, aber völlig funktionslose Lufthutze auf der Motorhaube trug. Fachjournalisten quittierten sie mit Hohn und Spott. Es war nicht mehr möglich, den 17m durch Extras optisch auf 20m zu trimmen, wie beim Vorgänger. Nach wie vor

Weder der Wagen selbst noch der Fahrer mit Krawatte passt zur Dynamik dieser Fortbewegung (oder: Fordbewegung). Ein 17m P7a war kein sportliches Fahrzeug. Er war nur notfalls sportlich. Er konnte so etwas. Aber er mochte es nicht.

Ford 17m P7a Turnier als Dreitürer ohne Extras. Die Schwellerchromleiste blieb dem 20m vorbehalten, Radzierringe und Stoßstangenhörner waren für den 17m im Rahmen des Deluxe-Paketes lieferbar. Wer einen Turnier gewerblich nutzte, sparte daran.

gab es einen 20m TS, aber er war nicht mehr sportlicher ausgelegt, sondern lediglich die Luxusvariante. Wie beim P6 verschwand auch beim P7 die Bezeichnung »Taunus«; die Wagen hießen schlicht »Ford 17m«, »Ford 20m« und »Ford 20m TS«.

Die Präsentation vor Presse und Händlern erfolgte Mitte August 1967, die Publikumspremiere auf der IAA im September in fünf Karosserievarianten: zwei- und viertürige Limousine, Hardtop-Coupé, zwei- und viertüriger Turnier, die es jeweils als 17m und 20m gab, sowie als zweitürigen Lieferwagen, nur als 17m lieferbar. Bald sollte die Karosseriefabrik Deutsch ein 2+2-sitziges Cabriolet liefern, entstanden auf Basis der Zweitürer-Limousine.

Bis auf das neue Spitzenaggregat (der Kölner V6 leistete nunmehr mit 2,3 Litern 108 PS) blieb das Motorenangebot gleich: zwei V4-Motoren für den 17m (1,5 Liter mit 60 PS und 1,7 Liter mit 65 oder 70 PS), dazu der 2-Liter-V6 mit 85 oder 90 PS. Er war die Basismaschine im 20m, darüber hinaus gab es eine neue 108-PS-Variante. Diese Trennung wurde ab Mai 1968 aufgehoben, dann waren sämtliche V6 auch im 17m lieferbar (aber nie ein V4 im 20m).

Im 17m waren Armaturenbrett und Lenkrad stets schwarz, eine vordere Sitzbank gab es auf Wunsch. Geschaltet wurde mit drei Gängen mit Lenkradschalthebel, auf Wunsch Viergang, ebenfalls auf Wunsch Knüppelschaltung (nur Viergang) oder Dreistufen-Automatik (nur 1,7-Liter-Motoren). Ford offerierte eine Deluxe-Ausstattung mit Stoßstangenhörnern, Radzierblenden, Auspuffblende und Regenrinne verchromt,

Das Karosseriewerk Deutsch baute in kleiner Zahl P7a Cabriolets auf Basis der Zweitürer-Limousine, im Bild ein 20m.

innen Teppichboden, Liegesitze, mehr Chromleisten, Make-up-Spiegel, Zigarettenanzünder, Tageskilometerzähler, Scheibenwisch/waschanlage, abblendbarer Innenspiegel. Das 17m Hardtop-Coupé trug das Deluxe-Paket serienmäßig. Dann gab es noch diverse Einzelextras: Bremskraftverstärker, Verbundglas-Windschutzscheibe, elektrisches oder manuelles Schiebedach, schlauchlose Gürtelreifen, Weißwandreifen, Kunstlederpolsterung, Zweifarblackierung und Radios.

Eine Stufe darüber angesiedelt war der 20m, »ein besonders schönes Auto (...) mit unverwechselbarem, eigenem Gesicht, (...) von modernem Zuschnitt und betont sportlich«, so der Prospekttext. Und natürlich wurde das betont, worauf Ford größten Wert legt, er sei »von repräsentativem Format, ohne jede behäbige Schwerfälligkeit«. Statt dessen biete er »gediegenen Luxus der großen Klasse und erfrischenden Spaß am temperamentvollen Fahren«. Sein Armaturenbrett mit den drei Instrumenten in etwas seltsamen, sechseckigen Rahmen erstrahlte in Interieurfarbe, was schon ziemlich dem US-Geschmack entsprach, das Lenkrad war schwarz.

Im TS, dessen Armaturenbrett, Mittelkonsole und Türinnenverkleidungen zusätzlich mit Holzimitat geschmückt waren, wurde sogar das Lenkrad in Innenraumfarbe geliefert. Und diese gab es, analog zum Karosserielack, auch in metallisierten Tönen, was den für Ford-Innenräume typischen Boudoir-Stil nochmals verschärfte. Man konnte also einen 20m TS beispielsweise in hellem Blaugrünmetallic bestellen, und das Interieur inklusive Armaturenbrett und Lenkrad war dann auch in Blaugrünmetallic. Oder Knallrot. Das musste man schon mögen. Aber wer es mochte, freute sich darüber. Denn eines war das auf jeden Fall:

Der 20m TS war nun keine sportliche Variante mit eigener Maschine mehr, sondern die Luxusversion. Der auf 2,3 Liter aufgebohrte V6 mit 108 PS war nicht für ihn reserviert, sondern in jedem 20m lieferbar. Ein Service-Tune-up erfährt hier ein 20m P7a als Zweitürer-Limousine beim Ford-Händler in Weiden/ Oberpfalz, hinter ihm sein Vorgänger. Die geöffnete Motorhaube ohne jeglichen Schlitz offenbart es, dass die Hutze alles andere als ein Kanal ist, der dem Motor Zusatzluft zuführt.

Fake-Hutzen sind ein allgemeines automobiles Phänomen, aber diese ist besonders peinlich. Unter ihr ist gar nichts, aber sie wirkt »cool«. Der spezielle Grill und der Schwellerchrom sind ebenfalls 20m-Mekmale. Kurioserweise trägt dieser Neuwagen keine Radzierringe, obwohl sie zu seinem serienmäßigen Lieferumfang gehören.

Ein Armaturenbrett wie ein Straßenkreuzer en miniature im P7a, hier im 20m TS: Rundinstrumente in eckiger Abdeckung, und das ganze Interieur konnte in Karosseriefarbe bestellt werden – im radikalsten Falle ein türkismetallicfarbener Wagen mit türkismetallicfarbener Innenausstattung.

anders als alles andere. 20m und 20m TS waren optional mit dem 2,3-Liter-Motor zu haben, was bedeutet, dass der TS nur die bessere Ausstattungsvariante darstellte.

Mussten im 20m noch manche Dinge als Extra bestellt werden (Viergangschaltung, Knüppelschaltung, Liegesitze, Bremskraftverstärker), so trug diese der 20m TS in Serie. Ihn konnte man mit folgenden Extras optimieren (die natürlich auch beim normalen 20m extra zu bezahlen waren): Automatik, elektrisches oder manuelles Schiebedach, Verbundglasscheibe, Gürtelreifen, Weißwandreifen, Zweifarblackierung, Radios. Es gab 1968 bereits ein schwarzes Vinyldach für den P7, aber nur für die Hardtop-Coupés.

Auf der IAA 1967 präsentiert, aber erst ab März 1968 lieferbar waren die beiden RS-Modelle auf P7-Basis (und der 15m RS, siehe Kapitel 10). Dafür warb Ford recht aggressiv mit Suggestivfragen: »Sitzen Sie mit gestreckten Armen am Lenkrad? Richten Sie sich lieber nach einem Drehzahlmesser als nach dem Gehör? Mögen Sie über Autos mit Lenkradschaltung nicht einmal diskutieren? Können Sie bremsen und zurückschalten und Zwischengas geben und alles auf einmal? Finden Sie schalten ohne Zwischengas barbarisch?«

Abgesehen davon, dass Ford den P7 nach wie vor mit Lenkradschaltung serienmäßig anbot und für Knüppelschaltung in den normalen Modellen Aufpreis verlangte, und abgesehen davon, dass Zwischengas geben bei synchronisierten Getrieben keinen Sinn ergibt und somit eher barbarisch ist – Ford apostrophierte die RS-Modelle als richtig gehende Sportwagen. Dabei hatten die RS-Modelle letztlich 1968 jene Ausstattungsmerkmale, die zwei Jahre später bei nicht dezidiert sportlich beworbenen Wagen dieser Klasse zur Serienausstattung gehörten, vor allem bei Wagen aus italienischer oder französischer Produktion. Denn beim Ford P7 (und allen anderen deutschen Fahrzeugen) regte sich erstmals Unmut bei Kunden und Motorpresse über die schlechte Grundausstattung deutscher Autos im Vergleich zu Importfahrzeugen – eine Kritik, die spätestens Anfang der 70er Jahre zum Dauerthema

Mit silbern lackierten Stahlsportfelgen: 17m RS als Zweitürer-Limousine, silbermetallic lackiert, es gab auch rot. Der 17m RS hatte den 2-Liter-V6 unter der Haube, der 20m RS den 2,3 Liter.

wurde. Es sollte aber gut ein Jahrzehnt dauern, bis dies Wirkung zeigte und die Deutschen ihre oft mangelhaften Grundausstattungen aufwerteten. Immerhin ließen sie sich nicht nur Luxusextras, die eigentlich Selbstverständlichkeiten sein sollten, extra zahlen, sondern auch Sicherheitsattribute.

17m RS und 20m RS behielten ihre optischen Eigenheiten bei, bekamen aber neu gestaltete Kühlergrills mit integrierten Halogen-Fernscheinwerfern, und die Fake-Lufthutze des 20m passte zur RS-Ausstattung ganz besonders gut. Beide trugen Rallyestreifen an den Flanken, die nicht dem Hüftschwung folgten, sondern gerade waren, die Heckzierblende war schwarz ausgelegt und dem Heckschriftzug eine Zielflagge angehängt. Neue Stahlsportfelgen im englischen Rostyle-Stil, das Inlett mattschwarz ausgelegt, beim 17m RS silbern lackierte Felgen, beim 20m RS sogar vollverchromte. Als Außenfarbe gab es (wie beim 15m RS) ausschließlich Silbermetallic und Rot, kombiniert mit schwarzem Interieur, auf Wunsch mit Schalensitzen. Der Fahrer blickte auf einen völlig anders gestalteten Armaturenträger, keine in sechseckige Rahmen eingefasste Instrumente, sondern klassische Rundinstrumente, dazu eine Mittelkonsole mit drei Zusatzinstrumenten, die zum Fahrer hingeneigt angeordnet waren, obendrein ein Sportlenkrad mit drei gelochten Speichen und Holzkranz sowie ein Schalthebel mit Holzknauf. Die Federung wurde etwas straffer ausgelegt, die RS-Modelle rollten auf Gürtelreifen und wenigstens sie hatten den Bremskraftverstärker serienmäßig. Als Extras für die RS-Modelle gab es wenig: Schalensitze, Schiebedach manuell oder elektrisch, Verbundglasscheibe, Radio, 17m-RS-Kunden konnten gegen Mehrpreis die Vollchromfelgen bekommen, die der 20m RS in Serie hatte. 17m RS und 20m RS gab es als zwei- und viertürige Limousine sowie als Hardtop-Coupé, der 17m RS hatte den 2-Liter-V6 mit 90 PS unter der Haube, ebenso wie der 20m RS, den es gegen Aufpreis auch mit 2,3 Litern und 108 PS gab. Damit war der große Ford endlich ein 170-km/h-Auto.

Besonders dem 20m steht das RS-Paket gut, denn die Lufthutze auf der Haube versprüht per se bereits viel Sportlichkeit. Dieses 20m RS Hardtop-Coupé besticht durch seine verchromten Stahlsportfelgen.

Erkennungsmerkmal Heckschriftzug. Das RS-Emblem mit seiner stilisierten Rennflagge war seinerzeit ein begehrtes Souvenir bei kleinen bösen Buben. Auf dem Bild gut zu sehen ist die Schweißnaht am Kotflügel rechts oberhalb des Rücklichtes. Sie ist symptomatisch für die damalige Ford-Politik. In den USA hätte sich daran niemand gestört, in Europa deutete jeder Betrachter mit dem Finger darauf und zog den Schluss, ein Ford sei nachlässig verarbeitet

Westdeutschland befand sich 1967 in einer wirtschaftlichen Talsohle und der Ford P7 stieß nicht auf die erhoffte Gegenliebe beim Publikum. Hooven hatte mit seiner Doktrin, der europäische Autogeschmack habe sich nach dem amerikanischen zu richten, nicht recht gehabt und McRae mit seinem Design auch nicht. Beide wurden rasch aus Köln weggelobt. Das angestammte Management hingegen hatte zweifelsohne richtig gelegen, aber diese Genugtuung nützte nichts, denn der P7 war nun mal da. Neuwagen standen auf Halde. Die Absatzkrise 1967 traf Ford am schwersten unter den größten drei deutschen Herstellern. Deutsche Kunden erwarben 1967 zehn Prozent weniger Autos als im Vorjahr, Ford hingegen verlor 18,1 Prozent. Und die Produktion des P7 fiel sogar um 38 Prozent gegenüber dem P5 zurück, während Opel im Frühjahr 1968 bereits wieder die Produktion des Rekord C und Commodore A hinauffuhr. Ford konnte nur noch den 12m/15m ganz gut verkaufen, nicht aber den P7. Köln wollte daher einen neuen Wagen, doch die zwischenzeitlich ziemlich mächtige Ford-Europa-Zentrale in London plante bereits eine völlige Neukonstruktion für 1972, den späteren Consul/Granada, und auch Henry Ford II bewilligte kein Geld für einen rein deutschen P7-Nachfolger.

Es gelang dem Kölner Management dennoch, durch einen Trick Henry Fords Plazet zum Bau einer modifizierten Version zu erhalten, und der seitherige P7 lebte nur ein Jahr lang. Ihn nach so kurzer Zeit einzustellen, war zwar das Zugeständnis, einen Fehler begangen zu haben. Aber er relativierte sich dadurch, dass kurz zuvor ein Opel Rekord auch nur ein Jahr gelebt hatte. Der Rekord B war allerdings nur eine Facelift-Version des Rekord A, mit neuer Front und neuem Heck versehen, aber von einer neuen Motorengeneration befeuert.

P7, nicht P7a

In diesem Kapitel ist ausschließlich vom Ford P7 die Rede, nicht vom P7a. So hieß er zu Lebzeiten nämlich nicht. So wurde er erst posthum genannt, nachdem es ab August 1968 den modifizierten P7 gab. Zur Unterscheidung wurde danach von P7a und P7b gesprochen - aber zunächst nicht offiziell. Für Ford waren beide Wagen eben P7, der eine der P7 ’67, der andere der P7 ’68. Vom P7a wurden zwischen August 1967 und Juli 1968, also innerhalb von nur zwölf Monaten, 155.780 Fahrzeuge hergestellt. Es gibt nur wenige Großserienfahrzeuge, die eine ähnliche kurze Produktionsdauer hatten, darunter der Opel Kapitän P 2,5 (Juni 1958 bis Juni 1959, 34.842 Exemplare) und der Opel Rekord B (August 1965 bis Juli 1966, immerhin 296.771 Stück) gebaut. Solche Kurzzeit-Großserienfahrzeuge (auch: Talbot Tagora, 20.133 Stück zwischen 1980 und 1983) wurden gerne am amerikanischen Ford Edsel gemessen, der auch ein Riesenflop war (110.847 Stück in drei Jahren). Sie alle wurden in Sammler- und Liebhaberkreisen natürlich rasch sehr interessant.

Dieses 20m Coupé ist ein spezielles, nämlich ein Filmauto. In der ZDF-Vorabendserie »SOKO 5113« fuhr Jürgen Sudmann, gespielt von Heinz Baumann, genau diesen Wagen. Er hat die Dreharbeiten zwischen 1987 und 1993 überlebt und befindet sich in Liebhaberhand.

FORD
B-X 9620

KAPITEL 11

Zurück zu Vernunft und Luxus: Der feine P7b

Für die übergeordnete Instanz Ford of Europe und erst recht für die Konzernspitze in Detroit war klar: Der deutsche Ford P7 musste bis 1971 durchhalten, danach sollte der völlig neu entwickelte Consul/Granada als gemeinsamer Nachfolger für den deutschen P7 und den britischen Zephyr/Zodiac Mk IV folgen. Die Briten hatten damit kein Problem, denn ihr Geschöpf machte ihnen Freude. Aber der P7 bereitete Köln nur Verdruss. Mit einem Bluff schaffte es die deutsche Filiale, ihn außerplanmäßig überarbeiten zu dürfen.

Ein tiefer Griff in die Trickkiste

Max Ueber, im Juli 1967 vom Inlands-Verkaufschef zum Generaldirektor und somit zu Laytons Nachfolger aufgestiegen, griff zu einem Trick – nicht ganz lauter, aber sehr effizient. Den üblichen Frühjahrsbesuch in der Kölner Filiale absolvierte Henry Ford II 1968 zusammen mit seinem Konzern-Präsidenten Semon E. Knudsen, Hauptthema der Gespräche mit Ueber war die mangelhafte Akzeptanz des P7. An einem Eingang innerhalb der Kölner Fabrik, den die Drei in jedem Falle passieren mussten, stand ganz zufällig ein spezielles Auto, von Ueber platziert, das Henry Fords Aufmerksamkeit erhaschte. Das war ein von einem norddeutschen Ford-Händler nicht nur instand gesetzter, sondern karosseriemäßig überarbeiteter Unfall-P7 ohne Hüftschwung, sondern mit linearer Flankenlinie und mit modifiziertem, lange nicht mehr so verspielt wirkendem Grill. Henry Ford wurde neugierig und erfuhr von

Ueber, dass ein modifizierter P7, also ein eventueller P7b, genau so aussehen könnte. Henry Ford schien der Wagen gefallen zu haben.

Und weil Knudsen mit anwesend war, bestimmte er sogleich, dass der P7b als erster europäischer Ford eben jenes Merkmal erhalten solle, das nach seinem Schöpfer benannt ist: die Knudsen-Nase, also jenen Vorbau im Frontbereich, durch den sich nach Knudsens Wille künftig alle Ford-Fahrzeuge weltweit auszeichnen sollten. Diese Kröte schluckte das deutsche Management gerne, denn dies war die einzige Auflage, die zu erfüllen war. Ansonsten hatte Köln grünes Licht für den P7b. Er sollte weiterhin P7 heißen, und Ford beteuerte, es handle sich nur um ein großes Facelift (was eigentlich nicht stimmte, denn kaum ein Karosserieteil blieb unangetastet). Die Bezeichnung P7 beizubehalten, hatte zwei Gründe: Zum einen wollte man nach außen nicht den Fehler auch noch unterstreichen, der nach nur einem Jahr zu einem weitgehend anderen Auto führte, zum anderen wollte man dem nur einjährigen Bestands-P7 auf dem Gebrauchtwagenmarkt eine Chance geben. Womit Ford ebenfalls für Kontinuität sorgte: Als der P7b im August 1968 auf den Markt kam, blieben die Preise gegenüber dem Vorgänger auf den Pfennig genau gleich.

Stimmige Modellpflege

Köln merzte die P7a-Fehler aus und schuf mit dem P7b einen Wagen, den das Publikum gut annahm und mochte. Er behielt das Gute des P7a bei und das Schlechte wurde verbessert. Weil er aber konstruktiv das gleiche Auto war, erhielt er nach wie vor nicht die längst zum internationalen Standard gehörige Sicherheitslenksäule, sondern einen Kompromiss, nämlich eine nachgiebige Stahlspirale, die bei einem Aufprall die Wucht aufnahm und sich verformte. Weil sie hoch auftrug, hatte der P7b kein geschüsseltes Lenkrad mehr, sondern eine Prallplatte. Drückte man entschlossen darauf, hupte der Wagen. An der starren Hinterachse wurde nur herumgedoktert. Sie hing nach wie vor an Blattfedern, bekam aber Längslenker, die im Werk als »Journalistenstäbe« bezeichnet wurden, weil die Fachpresse unaufhörlich eine verbesserte Hinterachsführung am großen Ford gefordert hatte. Die Achsführung wurde durch die Längslenker etwas besser, zumindest waren sie vorhanden. Vom Dach und den Vordertüren abgesehen war kein Karosserieblechteil des P7b mit dem P7a identisch, doch die Rohkarosserie blieb gleich; verändert wurden nur angeschweißte oder angeschraubte Karosserieteile. Die Flankenlinie wurde geglättet, der Hüftschwung war passé, die Front erhielt die »Knudsen-Nase«, deren Ausformung sich in der Motorhaube fortsetzte, die vorderen Blinker blieben an der angestammten Stelle, erhielten aber eine neue Form. Analog zu ihnen saßen die Rückleuchten in den Kotflügelenden, wie weiland beim P5, und waren Ford-typisch wieder ziemlich mickrig (kleiner als beim P7a). Das Heck gestaltete Ford recht simpel, ebenfalls Ford-typisch die große Blechzier bei den höherwertigen Modellen. Beim Turnier blieb die Heckpartie inklusive drittem Seitenfenster weitgehend identisch. Wie beim P3 und P5 waren die Stoßstangen wieder in die Karosserieform integriert (was generell gut aussah, ihre Funktion als Schadensabwender vom Karosserieblech aber konterkarierte), integriert waren nunmehr Rückstrahler und Rückfahrscheinwerfer. Innen unterschied sich der neue P7b hauptsächlich durch klassische Rundinstrumente. Das alles gab dem P7b ein Styling wie aus einem Guss, die Presse sprach von der »Rückkehr der Linie der Vernunft«, und die Ford-Stilisten müssen gelobt werden: Dem P7b sah niemand an, dass er ein nachträglich verbessertes Design aufwies.

Das üppige Motorenangebot blieb im Grundsatz bestehen und wurde sogar ausgeweitet. Als 1500er mit 60 PS war der gut eine Tonne schwere Wagen untermotorisiert: Auto-Motor-Sport-Tester Reinhard Seiffert in Heft 3/1969 lakonisch: »Für den Straßenverkehr sind solche untermotorisierten Schiffe freilich kein Gewinn.« 135 km/h Höchstgeschwindigkeit und 21 Sekunden für den Spurt auf Tempo 100 waren Ende der 60er Jahre nicht mehr zeitgemäß – zumal Ford sich mit den RS-Modellen und vor allem mit dem im kommenden Jahr lancierten Capri ein sportliches Image aufbaute. Auch mit dem normalbenzintauglichen 1700er (65 PS) geriet der 17m zum trägen Gesellen. Der 1700-S-Motor mit 75 PS (statt bisher 70 PS), die Volumenmotorisierung im 17m, versprach immerhin ein zügiges Mitschwimmen im Verkehr. Als Bindeglied zwischen den zu schwachen V4-Motoren und den angemessenen V6-Aggregaten lancierte Ford beim P7b den 1800-S-Motor, der Kölner V6 mit auf 1812 cm³ reduziertem Hubraum und 82 PS. V6-Feeling in der Klasse unter 2 Litern machte die einen stolz, die anderen empfanden es fast schon als lachhaft, weil für sie ein V6 bei 2 Litern losging und überhaupt eher ein Merkmal noch größervolumiger Autos war. Jedenfalls bot Ford mit dieser Maschine (im Programm nur bis August 1970) den kleinsten V6 in einer Großserienlimousine in ganz Europa an (unterboten wurde er nur vom englischen Triumph-Sechszylinder im Vitesse 6 mit 1,6 Litern, gebaut in gut 30.000 Exemplaren zwischen 1962 und 1966. Aber kann man da von Großserie reden?). Im Vergleich zum 1700er-V4 war der 1800er-V6 zwar laufruhiger, aber auch etwas träge im unteren Drehzahlbereich. Nochmals der Autotester Seiffert: Der Motor sei »eher eine Konzession an die zur Zeit rollende Sechszylinderwelle« und »ein Werbeargument gegenüber jenen Konkurrenten, die ausschließlich Vierzylinder anzubieten haben« – die Zeitschrift Auto Motor Sport war damals dafür bekannt, der Marke Ford nicht gerade zugeneigt zu sein.

Die RS-Versionen blieben im Programm, und sie wurden ein wenig dezenter. Der Rallyestreifen hatte etwas abgespeckt, und die funktionslose Lufthutze auf der Motorhaube war beim P7b ohnehin kein Thema mehr. Im Bild ein zweitüriger 17m RS, die Stahlsportfelgen silbern lackiert.

Am Straßenrand, vor Häusern, die aussehen, als seien sie einer Modellbahnanlage entlehnt. Der mittige Pritschenwagen belegt, dass das Foto nach 1977 gemacht worden sein muss, somit waren beide Ford P7b bereits alte Autos. Vorne ein ziemlich gepflegter 17m RS, mit 26m-Doppelscheinwerfern aufgewertet, und hinten ein fieser 17m Turnier, den nichts mehr aufwertet, sondern dessen Rostlöcher mit Teroson-Unterbodenschutz zugeschmiert wurden.

Dieser viertürige RS trägt die Felgen verchromt, wofür der 17m-RS-Kunde Aufpreis zahlen musste, der 20m-RS-Kunde hingegen nicht. Aufpreispflichtig war auch das schwarze Vinyldach, und gerade am RS mit seiner schwarzen Kriegsbemalung sah es einfach nur gut aus.

FORD

Mehr Holz als an einer Schlafzimmerkommode: Interieur eines 20m XL, volles Ornat, Lenkrad mit Holzkranz, dazu Automatik und ein 2,3-Liter-V6 – was will man mehr!?

Besuch im Wolfsburger Volkswagen-Werk: 20m Coupé in Goldmetallic mit Vinyldach, ein rundum reputierliches Fahrzeug, durch die niedrige Dachform hinreichend elegant, und die Hardtop-Bauweise macht ihn sogar elitär.

Die Soldrott, ein Schüttgutfrachter, wurde 1973 in Osaka gebaut und war bis 2007 im Einsatz. 1975 besuchte sie einen DDR-Ostseehafen, auf der Straße ein Volga GAZ-21M, ein alter Trabant P50 (zweifarbig) und ein neuer Trabant P601. Und ein zweitüriger Ford 20m mit westdeutschem Kennzeichen.

Gut eine Handvoll wurde gebaut und ganz wenige haben überlebt. P7b als Cabriolet mit Deutsch-Karosserie, und wieder wählte der Kölner Karosseriebauer für sein Werksfoto keinen 20m, sondern »nur« einen 17m aus. Es ist frappierend, was für ein elegantes Fahrzeug entsteht, wenn einer Zweitürer-Limousine das Dach abgeschnitten wird. Es war ein Charakteristikum der Firma Deutsch schon seit Ende der 50er Jahre, das Verdeck in geöffnetem Zustand völlig versenkt anzuordnen. Das Cabriolet auf Basis des Ford P7b war das letzte Deutsch-Cabriolet überhaupt.

Wohl dem, der seinen Caravan auf dem Parkplatz hinter der Wohnanlage parken konnte. Er hatte die Möglichkeit, immer wieder nach dem Rechten zu sehen und erlebte keine böse Überraschung. Wer den Wohnwagen beim Bauern in der Scheune lagerte, weit weg von Zuhause, und nur einmal im Jahr benutzte, kämpfte mit Spinnen und Schimmel. Ford 17m P7b Turnier und Mitt-Sechziger-Käfer, der Wohnwagen ist von Eifelland, einer ehemaligen Marke von Knaus Tabbert, und der Ford tat sich sicherlich nicht schwer damit, ihn zu ziehen.

Irgendwie hatte er mit der Olympia-Park-GmbH zu tun, dieser 17m P7b Turnier, denn sonst dürfte er nicht so prominent vor dem eben fertig gestellten Münchner Olympia-Stadion parken. Aufnahme 1972.

17m P7b Lieferwagen, eine Seltenheit auf deutschen Straßen. Wer hier etwas zu transportieren hatte, griff zum Transit oder VW Bulli. Dabei hat ein Pkw-Lieferwagen durchaus Vorteile. Der P7b war der letzte große Ford dieses Genres, auf Granada-Basis gab es das nicht mehr. Foto eines Neuwagens auf dem Ford-Werksgelände, bereit zum Export ...

... zum Beispiel in die Benelux-Staaten, nach Skandinavien, nach Österreich oder in die Schweiz. Überall dort genoss dieses Fahrzeuggenre massive Steuervorteile. Teilweise ist das bis heute so. Prospektblatt von Ford-Antwerpen vom Januar 1970.

Das Spitzenmodell aus Köln, der 26m. Er bestach durch Metalliclackierung, Chrom in üppiger Menge und unterschied sich außer durch den rot unterlegten Heckschriftzug und die Flankenzierlinie nur durch seine runden Doppelscheinwerfer vom 20m XL. Die eigentlich 26m-typischen Radkappen trugen nicht alle Exemplare ab Werk. Dieses Pariser Fahrzeug muss auf sie verzichten.

Sehr distinguiert, fast schon ein Chauffeurwagen: schwarzer 26m mit schwarzem Vinyldach. Auch er schmückt sich mit den zweiteiligen Radkappen des 20m.

Dauerläufer: der P7b als Marathon-Auto

Mitte der 60er Jahre gab es die erste Konjunkturdelle seit dem Krieg, und die wohlstandsverwöhnten Deutschen waren geschockt, weil sie an Wachstum, Vollbeschäftigung und einen sehr hohen Lebensstandard gewöhnt waren. Doch die Krise an der Ruhr (erste Zechenschließungen) sowie Lohnkürzungen und Entlassungen erschütterten Westdeutschland und sorgten für eine Arbeitslosenquote von 2,2 Prozent und den Sturz von Bundeskanzler Ludwig Erhard. 1966/67 standen erstmals seit Kriegsende Neuwagen aus Konjunkturgründen auf Halde. Die Große Koalition sorgte durch neue wirtschaftspolitische Konzepte (staatliche Investitionsprogramme) für eine rasche Konjunkturerholung, doch die Automobilhersteller mussten auch selbst tätig werden.

Ford war besonders betroffen, gerade mit dem P7, der auch als P7b die Last seines holperigen Starts mit sich trug. Um sein etwas dröges Image aufzupolieren, entschied sich Ford, ihn mit etwas zu schmücken, das seinem Charakter völlig zuwiderlief: mit sportlichen Erfolgen. Und fast hätte der erste Einsatz eines P7b im Rallyesport, und dann auch noch bei der schwierigsten Rallye überhaupt, mit einem Sieg geendet. Aber eben nur fast. Immerhin polierten die Rallyeerfolge den Ruf des P7b gehörig auf und Ford schlachtete die Ereignisse natürlich weidlich aus und machte aus der Not eine Tugend: Die von der Fachpresse immer wieder als altmodisch dargestellte starre Hinterachse ist stabiler als eine modernere, Einzelradaufhängung. Mit einer guten Platzierung hätte Ford also alle Kritiker Lügen strafen

Im 26m verbaute Ford serienmäßig alles, was es im Kölner Angebot an Luxusattributen gab, und die Krönung waren großformatige, reich ziselierte, einteilige Radkappen aus dem englischen Ford-Programm.

Erneut ein 26m, der nicht die einteilige Felgenzier trägt, sondern mit verchromten Stahlsportfelgen vom 20m RS aufgewertet wurde. Er zeigt seine zweiflutige Auspuffanlage und ist stolz auf seinen exquisiten Farbton Dunkelviolett 69.

können. Zunächst setzte Ford den 20m RS bei der Tour d'Europe 1968 ein und errang mit Alfred Burkhardt/Heinz Zertani nicht mehr und nicht weniger als den Gesamtsieg.

Der Dauerläufer

Der London-Sydney-Marathon 1968, ausgetragen zwischen dem 24 November und 17. Dezember, war eine Rallye der Superlative: 16.694 Kilometer durch Europa, Asien und Australien, durch elf Länder in 24 Tagen. Die Idee ging auf ein Brainstorming von Sir Max Aitken, dem Eigentümer der englischen Zeitung Daily Express, mit zwei seiner Chefredakteure Ende 1967 zurück. Sie wollten eine Veranstaltung sponsern, welche die durch die Abwertung des Britischen Pfunds gedrückte Stimmung in Großbritannien heben, die britische Ingenieurskunst international unter Beweis stellen und die Verkäufe englischer Autos in den Ländern, durch welche die Rallye führte, steigern sollte – denn aus ihrer Sicht musste ganz klar ein britischer Wagen gewinnen, was letztlich auch eintrat (Andrew Cowan auf Hillman Hunter). Der australische Daily Telegraph fand die Idee so gut, dass er sich als Sponsor einklinkte. Von der Langstreckenfahrt Peking-Paris aus dem Jahre 1907 abgesehen, hatte es eine dermaßen lange Rallye noch nie gegeben. Sie war also für alle Teams Neuland, niemand konnte sich auf Erfahrungen stützen. Das war für ein Newcomer-Team wie dasjenige von Ford-Köln eine gute Voraussetzung. Es wurde nämlich erst im August 1968 gegründet.

Ford-Köln schickte drei identische 20m RS als Zweitürer-Limousinen an den Start: # 92 steuerten Herbert Kleint/Günther Klapproth auf den siebten Platz, # 57 fuhren der Belgier Gilbert Staepelaere und der Norweger Simo Lampinen auf Rang 16 und der Wagen mit der # 14 von Dieter Glemser/Martin Braungart kam bis Kabul und fiel dann aus. Dabei hatte zuvor alles so gut ausgesehen ... Geleitet und koordiniert wurde der Einsatz vom Leiter der Ford-Rennsportabteilung, Jochen Neerpasch, der die Rallye vom Flugzeug aus verfolgte. Das Flugzeug nutzten die englischen, australischen und deutschen Ford-Teams gemeinsam, die insgesamt zwölf Fahrzeuge zum Marathon anmeldeten. Die Engländer unter Henry Taylor starteten auf Lotus Cortina Mk II, die Australier unter John Gauland auf Falcon XT GT. Im Flugzeug waren neben den drei Ford-Rennleitern auch einige Mechaniker und Ingenieure an Bord, um schnell helfen zu können. Ansonsten hatten die Organisatoren dafür gesorgt, dass diverse Ford-Händler in jeweiliger Streckennähe Gewehr bei Fuß standen, mit P7b-Ersatzteilen eingedeckt waren und notfalls auch nachts ihre Werkstatt zur Verfügung stellten.

Für das Motortuning besorgte sich Köln freundliche Unterstützung von Harry Weslake Research and Development in East Sussex, bekannt für Rennmotoren und die Fertigung von Alu-Zylinderköpfen für V12-Motoren von Jaguar und auch die Komplettfertigung des Motors für den Ford Capri RS2600. Weslake kümmerte sich um den Kölner 2,3-Liter-V6 im 20m RS, der 155 statt 125 PS leistete, trotzdem aber nicht auf Hochleistung getrimmt wurde, sondern auf Standfestigkeit und darauf, niedrigoktaniges Benzin zu vertragen. Die Veränderungen: Verdichtung 8,8 : 1, modifizierte Zylinderköpfe, Reprofilierung der Nockenwelle, ge-

Big Ben im Hintergrund ist ein Muss-Foto, wenn eine Rallye in London startet, und die drei P7b-Werkswagen waren noch fabrikneu und sauber. Und sie trugen serienmäßige Stahlsportfelgen.

naues Austarieren aller beweglichen Teile, was eine Maximaldrehzahl von 7000 U/min erlaubte. Die Motoren bewährten sich prächtig. Die Karosserie: keine Antidröhnmasse, Seiten- und Heckfenster aus Degussa-Plexiglas, Motorhaube und Kofferraumdeckel aus Aluminium, Überrollbügel, Rammschutze vorne und hinten, 170-Liter-Benzintank, Schalensitze, die übliche Rallye-Instrumentierung, Bilstein-Fahrwerk. Lackiert waren die Wagen in Silbermetallic mit den typischen RS-Seitenstreifen, Motorhaube mattschwarz (damit sich die niedrig stehende Sonne nicht darin spiegeln und den Fahrer blenden konnte).

Start der 100 gemeldeten Fahrzeuge war am 24. November 1968 im Minutentakt auf der Crystal-Palace-Rennstrecke in London. Schon auf den ersten Etappen (erst bis Turin, anschließend bis Belgrad, dann bis Istanbul) hatten Glemser/Braungart einen beachtlichen Vorsprung von vier Stunden herausgefahren. Strafminuten kassierte der führende 20m bis Sivas, Roger Clark im Lotus Cortina übernahm die Führung vor Lampinen/Staepelaere im 20m, Glemser/Braungart nun Vierter. Sie arbeiteten sich wieder auf Rang Zwei vor, fielen aber 160 Kilometer hinter Herat mitten in der afghanischen Wüste aus, eine Kleinigkeit: Zündverteilerschaden. Die beiden verbliebenen 20m erreichten Bombay und wurden dort auf die Chusan verladen, die sie nach Australien brachte, was 14 Tage Ruhepause bedeutete. Im Gesamtklassement immer sieben Ford unter den ersten 15, nach wie vor Roger Clark Erster, Staepelaere/Lampinen Zweiter, Kleint/Klapproth auf Rang 15. Der spätere Sieger Andrew Cowan befand sich zu diesem Zeitpunkt noch auf dem sechsten Platz.

Die Chusan traf am 13. Dezember in Fremantle/Australien ein, ein paar Kilometer vom Perth entfernt, von wo aus die Fahrt weiterging. Australien war damals (ebenso wie heute) nicht komplett mit Straßen erschlossen, die Teams mussten oftmals nach Kompass durch das Outback fahren, teilweise Wüste, teilweise Regenwald. Nun lagen Staepelaere/Lampinen im Gesamtklassement vorn, gefolgt von einem Citroën DS21 und Austin 1800. Bei einem Überholvorgang aus einer Staubwolke heraus setzte Lampinens 20m nach einem Sprunghügel zu

Der 20m RS mit der # 14 von Dieter Glemser/Martin Braungart kam bis Kabul und fiel dann aus. Aufnahme im Gegenlicht bei einem Etappenstart.

Während der Rallye wurden die Räder gewechselt, damit auch die Felgen. Alle Fotos der drei Werkswagen jenseits von Europa zeigen sie mit Rostyle-Magnesiumfelgen.

Familienkutsche im Trainingsanzug: # 92 sorgte trotz des späten Unfalls des Siegesaspiranten für die Ehrenrettung, Herbert Kleint/Günther Klapproth schafften den siebten Platz beim London-Sydney-Marathon.

hart auf. Danach waren beide hintere Stoßdämpfer ruiniert, was ihn hinter Lucien Bianchis Citroën und Roger Clarks Lotus Cortina zurückwarf. Mitten in der Wüste wurde Staepelaere von der Polizei wegen zu schnellen Fahrens festgehalten und verlor wertvolle Zeit.

Kurz vor Ende des Marathons sah alles nach einem Kopf-an-Kopf-Rennen zwischen dem nun führenden Citroën DS von Bianchi/Ogier und dem 20m RS von Staepelaere/Lampinen aus. Doch 220 Meilen vor Sydney überfuhr Lampinen einen Sprunghügel in einer Rechtskurve zu schnell und kam auf einem Baumstumpf zu stehen. Den 20m zu befreien, kostete zwei Stunden und das Team den möglichen Sieg. Doch Bianchi im Citroën ging es noch schlimmer. Auf einer Landstraße, einer simplen Auslaufetappe kurz vor dem Ziel, kam ein einheimischer Autofahrer ins Schleudern und stieß frontal mit der DS21 zusammen. Totalschaden. Somit lautete die Reihenfolge im Ziel Andrew Cowan auf Hillman Hunter, Paddy Hopkirk auf Austin 1800 und Ian Vaughan auf australischem Ford Falcon. Das vom Daily Express und dem Daily Telegraph gestiftete Preisgeld blieb also genau dort, wo es die Initiatoren/Sponsoren sehen wollten: in Großbritannien und in Australien, und die beiden Favoriten, der deutsche 20m und der französische DS21, fielen kurz vor Schluss nach 16.000 Kilometern Fahrleistung aus. Kleint/Klapproth sicherten die Ehre von Ford-Köln mit einem siebten Platz – aber der Sieg war zum Greifen nahe gewesen.

Im folgenden Jahr engagierte sich Ford-Köln bei der ebenso harten und Material mordenden East African Safari Rallye im April 1969 durch Nairobi. K-LS 521 sah zwar nicht mehr neuwertig aus, sondern trug deutliche Unfallspuren. Aber das änderte nichts am Sieg.

Endlich ein Siegertyp

Immerhin bewies Ford-Köln bei seinem Einstieg in die Marathon-Rallye-Szene, dass man mit dem 20m zu rechnen hatte. Und im Folgejahr ging es weiter, dem London-Sydney-Marathon folgte die 1969er East African Safari Rallye – nach wie vor unter Rennleiter Jochen Neerpasch, der Ford bis 1972 treu bleiben sollte und dann zu BMW wechselte, wo er die neu gegründete BMW M GmbH leiten sollte. Was 1968 nicht glückte, gelang 1969: der Sieg. Robin C. Hillyar und John »Jock« Aird steuerten K-LS 521 (# 1) vom 3. bis 8. April 1969 in Nairobi/Kenia aufs Podest. Der zweite 20m RS, K-KW 851, gesteuert von Bengt Söderström/Gunnar Palm mit der # 2, fiel kurz vor Ende aus, als er versuchte, den in Führung liegenden Stallgenossen zu überholen. Die Schweden bezahlten diese Attacke mit einer gebrochenen Hinterachse. Ford England beteiligte sich nicht, denn der Lotus Cortina Mk II war nach dem London-Sydney-Marathon aufs Altenteil geschickt worden und der Escort Twin Cam war noch nicht homologiert. So stellte Ford-Köln die beiden Werkswagen und Ford-Dagenham die Fahrer. Ziemlich ramponiert kam der Sieger an, denn kurz vor Schluss hatte es einen Unfall mit einem Morris Oxford Taxi gegeben.

Er verlieh den 20m RS Flügel: Jochen Neerpasch, der Ford-Rennleiter, aufgenommen bereits zu BMW-Zeiten im Juli 1973. (Lothar Spurzem / CC-BY-SA 2.0)

Robin C. Hillyar und John »Jock« Aird, die beiden Kenianer, steuerten den Ford 20m RS 2,3 Liter auf Rang 1, Bengt Söderström und Gunnar Palm auf dem zweiten Werkswagen fielen aus.

Für Ford-Köln war dies der letzte Einsatz des 20m P7 als Werkswagen. Zum neuen deutschen Ford-Rallyeauto schlechthin sollte der Capri werden, und der Escort. Das waren die Ford-Motorsporthünen der 70er Jahre. Aber Ford-Belgien in Antwerpen setzte weiterhin auf den 20m RS und auf Gilbert Staepelaere, so beispielsweise mit Copilotin Nicole Sol bei der T.A.P.-Rallye in Portugal 1969. Und das hat den Comic-Autor Jean Graton so sehr beeindruckt, dass er ein Michel-Vaillant-Comicalbum schuf, in dem Staepelaere, weibliche Copilotinnen und der 20m RS eine Rolle spielten: »5 Filles dans la Course« erschien 1971, auf Deutsch unter dem Titel »Fünf Mädchen im Rennen« im Comic-Magazin »Zack« und dessen Ablegern im Koralle-Verlag publiziert, was diesen frankobelgischen Comic zum absoluten Muss für jeden P7-Fan macht!

Profitierte vom Image der Rallye-Teilnahme: Wer einen P7b in RS-Version fuhr, fühlte sich nicht nur wie ein kleiner Sportfahrer, es wurde ihm von der Ford-Werbeabteilung auch suggeriert, er sei es. Immerhin waren die London-Sydney- und Safari-Fahrzeuge ziemlich seriennah.

ARDIS

KAPITEL 12

Taunus TC1: Ein europäisches Auto

Keine deutsche Solo-Konstruktionen mehr. Auch keine britische. Es galt, Synergien zu nutzen. Früher als General Motors erkannte Henry Ford II, dass es ineffektiv ist, die beiden europäischen Filialen unabhängig voneinander arbeiten zu lassen. Die Unabhängigkeit hatte zwar den Vorteil, dass die jeweiligen Ergebnisse den unterschiedlichen Geschmack der Deutschen und der Briten eher trafen. Aber da amerikanische Konzerne ohnehin den amerikanischen Geschmack für den maßgeblichen hielten und Henry Ford erkannte, dass Europa zunehmend enger zusammen wächst und somit auch stilistische und geschmackliche Unterschiede relativiert werden, verfügte er die Gründung von Ford of Europe als eine sowohl Köln als auch Dagenham übergeordnete Instanz. Sitz der neuen Gesellschaft war London, was den Deutschen natürlich nicht gefiel, aber für die Amerikaner praktischer war, weil es weniger Sprachbarrieren gab. Zudem hatte Ford-England höhere Marktanteile auf dem britischen Markt als Köln auf dem deutschen, steuerliche Vorteile bot der Standort London ebenfalls. Ford of Europe wurde eher von englischen oder gar amerikanischen Managern geleitet, aber dennoch zogen auch Deutsche vom Rhein an die Themse. General Motors hingegen hielt seine beiden Europa-Filialen, Opel in Deutschland und Vauxhall in England, länger an der langen Leine und vollzog die von Ford vorgemachte Zusammenlegung erst zehn Jahre später, zugunsten von Opel, denn das Vauxhall-Programm wurde ab Mitte/Ende der 70er Jahre völlig opelisiert.

Eine europäische Firma entsteht

Die Gründung von Ford of Europe erfolgte 1965, erster Präsident war John S. Andrews, der ehemalige Kölner Vorstandsvorsitzende (zunächst von Detroit aus), ab 1967 etablierte sich Ford of Europe komplett in London. Die beiden Vizepräsidenten kamen ebenfalls aus Köln, Robert G. Layton (am Rhein Andrews Nachfolger als Generaldirektor zwischen 1965 und 1967) und John L. Hooven, der ehemalige Entwicklungschef, der Köln den am Käufergeschmack vorbei gezeichneten P7a beschert hatte. Ausgerechnet er sollte einen einheitlichen europäischen Käufergeschmack herausfinden. Das erste Produkt dieser Ford-Europalinie waren der Escort und der Capri. Ersterer traf wegen seiner etwas pummeligen Form tatsächlich eher den britischen als den kontinentaleuropäischen Geschmack. Er löste in England den etablierten Anglia ab und bescherte Köln eine komplett neue Produktlinie, die Ford zuvor nicht besetzt hatte. Der Capri war beiderseits des Kanals ein großartiger Erfolg, der vor allem Ford-Deutschland aus der Verkaufsdepression half. Das dritte deutsch-englische Gemeinschaftsprojekt war der TC1, was für »Taunus-Cortina 1« steht (wie beim P7a/b wurde bei der Reihe erst nach Erscheinen der zweiten TC-Generation in TC1 und TC2 unterschieden). In England löste er den Cortina Mk II ab, in Deutschland den 12m/15m P6, und er war eine komplette Neuentwicklung, mit Ausnahme der Motoren. Mitte der 60er Jahre hatten Dagenham und Köln unabhängig voneinander neue Entwicklungszentren angefangen zu bauen, 1968 waren beide fertig und hier entstand in Kooperation der TC1.

Das Design stammt von Uwe Bahnsen, mittlerweile mit Arbeitsplatz in London, doch der vordere Vorsprung, die »Knudsen-Nase« wurde von Semon E. Knudsen diktiert. Hire and fire – dieser amerikanische Geschäftsgrundsatz zur Mitarbeiterpflege galt dort schon immer. Henry Ford II pflegte ihn auch, so zum Beispiel mit Semon E. »Bunkie« Knudsen, den er mit wehenden Fahren empfing und kurz darauf mit Schimpf und Schande davonjagte. Bunkie hatte Karriere bei GM gemacht und die Marke Pontiac in den späten 50ern aus dem Tal der Tränen gehievt. Vizepräsident von GM hatte er werden wollen, doch der eine denkt und der andere lenkt, und so war er es nicht geworden. Beleidigt verließ Knudsen GM im Februar 1968 in Richtung Ford. Dort wurde er Vizepräsident von Henry Fords Gnaden. Ähnlich wie Knudsen ging es bei Ford Lee Iacocca. Der hatte sich seinerseits Hoffnungen auf den Vizepräsidentenposten gemacht und ging nun leer aus. Dadurch hatte Knudsen ihn als hausinternen Feind Number One. Damit begann ein interner Machtkampf zwischen diesen beiden Topmanagern im Konzern, und gewonnen hatte ihn Iacocca, der viele Ford-Manager auf seine Seite zog. Bunkie hingegen genoss keinerlei Rückhalt im Unternehmen außer dem Wohlwollen Henry Fords, und auch das nur kurzzeitig, denn Knudsen war es nicht gelungen, GM-Führungskräfte beim Rivalen abzuwerben und mitzubringen. Nach kaum zwei Jahren war Iacocca Ford-Vize und Knudsen verließ das Unternehmen unter Zurücklassung seiner berühmten Nase ... Ironie der Geschichte: 1978, wurde Iacocca von Henry Ford ebenso hinausgeworfen wie zuvor Knudsen. Der Unterschied war nur: Iacocca schrieb danach bei Chrysler weiter Automobilgeschichte mit Vollgas, während Knudsen in der Versenkung verschwand.

Die Supernase: Der Designwissenschaftler Paolo Tumminelli zählt die Knudsen-Nase zur Stylingära des New Baroque, und international wird der Taunus TC1 auch »Ford Baroque 2« genannt, in Anlehnung an den Barock-Taunus P2. Die Bezeichnung »Knudsen-Taunus« trägt der TC1 nur im deutschsprachigen Raum.

Während seiner 19-monatigen Tätigkeit im Haifischbecken Ford wollte Semon E. Knudsen der Marke eine neue Markenidentität verleihen, ein optisches Erkennungsmerkmal. Zwar war er kein Designer, nahm auf das Design aber Einfluss und befahl einen mittigen Vorsprung an der Front als Alleinstellungsmerkmal von Ford-Fahrzeugen weltweit. Nun kommen innerhalb von 19 Monaten nicht allzu viele komplett neu gestylte Fahrzeuge auf den Markt, aber doch einige in einem weltweiten Konzern wie Ford. Die meisten Ford mit dem vorspringenden Mittelteil im Grill waren natürlich US-Fahrzeuge, aber auch der 1970 erschienene Taunus TC 1. Schon die zeitgenössische Presse sprach von der »Knudsen-Nase«. Der Begriff hielt sich, bis heute wird vom »Knudsen-Taunus« gesprochen.

Deutsch-britisches Doppel

Der Taunus TC1 hatte einen britischen Bruder, den Cortina TC1, prinzipiell das gleiche Auto und das Styling im gleichen Stil, ebenfalls von Uwe Bahnsen besorgt, dennoch unterschiedliche Karosserie. Es gab Designkritiker, welche die Supernase furchtbar fanden. Sie bildeten die Minderheit. Der Käufer war vom Design begeistert: der lange, kraftvolle Vorbau, dem man den Sechszylinder bereits von außen ansah (auch wenn ein lahmer 1300er-Vierzylinder darin werkelte) und die Knudsen-Nase weckten Assoziationen an amerikanische Muscle Cars, dazu kam ein knackiges, kurzes Heck, eine geschwungene Flankenoberlinie, viel Chrom- und sonstiger Schmuck, gerne auch ein Vinyldach – der Taunus TC1 machte was her im Gegensatz zu seinem nüchternen Konkurrenten aus Bochum, dem Opel Ascona A. Und der Ford war mit »richtigen« Motoren zu haben, ab 2 Liter aufwärts Sechszylinder in V-Form, Topmotorisierung bildete der 2,3-Liter-V6 mit 108 PS.

Anfangs war die Verarbeitung schlampig und das Fahrwerk holprig und schwammig, doch Ford besserte mit einer Modellpflege 1973 nach und spätestens danach galten der Taunus und sein Schwestermodell Cortina als prima Allround-Autos. In EWG-Ländern (Deutschland, Frankreich, Italien, Benelux) wurden hauptsächlich in Genk gebaute Taunus, in EFTA-Ländern (Schweiz, Österreich, Skandinavien, Portugal, Großbritannien) der Cortina verkauft. EWG und EFTA waren damalige Zollhandelsassoziationen, innerhalb derer einheitliche Zollsätze galten. In wenigen dieser Länder waren beide Typen, Taunus und Cortina, im Angebot, und der Käufergeschmack entschied, ob der Cortina mit sei-

Ein Dekorationsmuster, das es nicht in die Serie schaffte: Auf dem Brüssler Salon 1971 stand dieser Taunus GT mit geschwärztem Karosserieunterbereich und schwarzem Streifen auf der Motorhaube.

nem stärker ausgeprägten Coke-Bottle-Style oder der gemäßigter gezeichnete Taunus die Oberhand behielt. Beispiel Schweiz: Trotzdem die Eidgenossen EFTA-Land waren und somit der Cortina preiswerter als der Taunus angeboten wurde, bevorzugten die Schweizer den Taunus (5692 Importe) vor dem Cortina (2773 Exemplare).

Auch in Sachen Fahrwerk bestritt Ford mit dem TC neue Wege: Heck- statt Frontantrieb, keine McPherson-Vorderradaufhängung mehr, sondern Doppelquerlenker (Vorderachse, Lenkung und Motor saßen auf einem Fahrschemel), Salisbury-Hinterachse zwar weiterhin starr, aber gut geführt (je zwei Quer- und Längslenker) und mit Schrauben- statt Blattfedern versehen – ein zeitgemäßes Fahrwerk. Dass Ford auf Heckantrieb umstellte, empfanden die Kunden nicht unbedingt als Rückschritt gegenüber dem Vorgänger 12m/15m P6. Heckantrieb war damals Standard, und der Taunus sprach keine progressiven Technikbegeisterten an, sondern Durchschnittskäufer, die viel Auto fürs Geld wollten. Endlich verfügte der Ford über eine Sicherheitslenksäule. Von Anfang an, also seit September 1970, gab es den Taunus in vier Karosserievarianten: Limousine zwei- und viertürig, Turnier ausschließlich viertürig und Fastback-Coupé (dieses nicht in Grundausstattung und ohne Äquivalent beim Cortina).

Die Motoren: Es gab vier Hubraumvarianten in sieben Leistungsstufen, zwei Vierzylinder-Reihenmotoren mit oben liegender Nockenwelle (die so genannten Pinto-Motoren anstelle der bisherigen V4) und zwei V6. Bekannt waren die beiden Kölner V6 mit 2 Litern und 90 sowie mit 2,3

Vorserienfahrzeug: Taunus L Turnier, dessen Kennzeichen unter der Stoßstange und nicht auf der Heckklappe angebracht ist. So ist der Wagen im Premierenprospekt vom September 1970 abgebildet, doch so wurde er nie ausgeliefert.

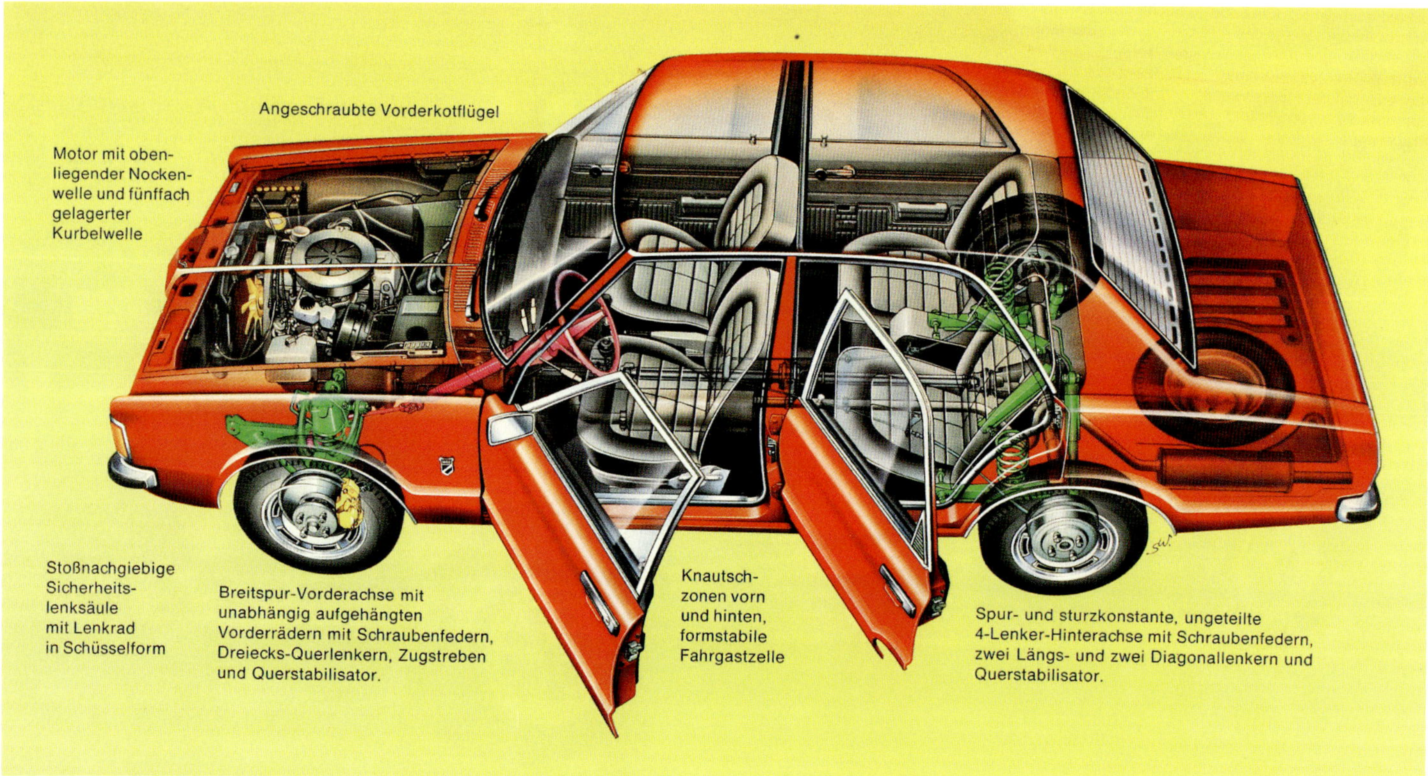

Die Röntgenzeichnung offenbart, dass der TC1 gegenüber seinem Vorgänger durch den Heckantrieb zwar konventioneller, durch seine Konstruktion aber weit moderner (und sicherer) geworden ist.

Litern und 108 PS, die den Taunus in den Adelsstand des Sechszylinders erhoben und gerade von den auf Prestige bedachten Kunden liebend angenommen wurden. Die Einstiegsmotorisierung war ein 1,3-Liter-Vierzylinder-Reihenmotor mit 55 oder 59 PS (unterschiedliche Verdichtung, somit normal- oder superbenzintauglich). Darüber rangierte das 1576-cm³-Aggregat mit 68 oder 72 PS sowie, in einer etwas hoch gezüchteten Version, der 1600 GT mit 88 PS, der sehr nah am 90 PS starken 2-Liter-V6 war, aber eine ganz andere Leistungscharakteristik aufwies.

Neue Größe: der GXL

Die Ausstattungen: Ohne Namenszusatz kam das Grundmodell aus, darüber rangierte der Taunus L, dann der XL. Das Sportmodell hieß GT (härter abgestimmt, Sportsitze und -lenkrad, Zusatzinstrumente), die Luxusversion GXL, im Volksmund gerne »Gixel« genannt. Bei der Typbezeichnung GXL steht das »G« für Groß, als Steigerung der bisherigen gehobenen Ausstattungslinie »XL«. Der GXL war ein besonders fein ausgestatteter Wagen und trug richtig gehende Luxusattribute in sich, denn in den Siebzigern war eine luxuriöse Ausstattung nicht mehr nur an große, hochmotorisierte Wagen gebunden. Der Taunus GXL war nicht der einzige Vertreter dieser Philosophie, der französische Chrysler/Simca 2 Litres mit serienmäßiger Automatik oder, in Großbritannien, der Leyland Princess HLS oder Triumph Dolomite taten dies auch. Dass Ford diesen inneren Luxus nach wie vor mit vermeintlichem äußeren verband, war typisch amerikanisch. Europäische Kunden hätten auf barocke Embleme und verspielte Schriftzüge verzichten können. Aber der GXL hatte auch innere Werte, die ihn von seinen Mitbewerbern distanzierte. O-Ton Ford im Premierenprospekt 1970: »Für den Ford Taunus GXL gelten keine Maßstäbe. Er setzt sie.« GXL bedeutete: Zusatzscheinwerfer im Grill, Flankenzierleiste, volles Lametta außen, Vinyldach, Sportfelgen mit Gürtelreifen, Lederlenkrad, Veloursteppichboden in Innenraumfarbe, feine Zwirne für die Möblierung, Mittelarmlehne hinten, Mittelkonsole mit Zeituhr, besondere Geräuschdämmung, innen viel Holzimitat (aus dem im Laufe der Zeit Echtholz werden sollte), auch an der Oberkante der Türinnenverkleidungen.

Der Taunus TC1 wurde während seiner fünfjährigen Bauzeit zwei Mal leicht überarbeitet, optisch unterscheidbar sind die Modelle 1970 bis 1973, der 1974er und der letzte TC1, der 1975er, in Produktion bis November 1975. Schon ein Jahr nach der Präsentation ersetzte Ford die holzigen Stoßdämpfer durch solche von Bilstein und modifizierte die Federungsabstimmung, dazu ein Querstabilisator als erste Schritte in die richtige Richtung.

Vor allem die Modifizierungen zum Modelljahr 1974 waren gravierend. Hatte der TC1 zuvor vom ADAC die üble Auszeichnung »Silberne Zitrone« bekommen, weil er schlecht verarbeitet war und ein schwammiges Fahrverhalten hatte, so wurde spätestens im Herbst 1973 aus ihm ein ausgereiftes Fahrzeug in ordentlicher Güte. Das Cockpit wurde neu und übersichtlicher gestaltet.

Während der ersten Jahre bis 1973 trugen der Basis-Taunus und das L-Modell Rundscheinwerfer im Alugrill. Ein geschmückter Zweitürer in St. Pölten vor dem Franziskanerkloster mit Kirche. Kleingärtner feiern den »Tag der Blume« im Autokorso.

Bis 1973 gab es die Sportversion Taunus GT mit rot ausgelegtem Heckschriftzug und schwarzem Heckblech ohne Zierleiste (sie zeigt das GXL Coupé, das sein Heck ins Bild streckt). Im Hintergrund etliche britische Schwestermodelle, der Cortina TC1.

Ein mattschwarzes Heckblech symbolisiert Sportlichkeit, auch bei nicht sportlichen Versionen. Taunus L neben Capri GXL, beide Neuwagen des Jahrgangs 1974, beide zeigen dem Hintermann nur Schwarzes.

Dasselbe Paar von vorne, der Capri I demonstriert sein Facelift, bevor er zum Capri II wurde, der Taunus L freut sich über Breitbandscheinwerfer und zwei Zierleisten im Plastikgrill. Er freut sich auch über einteilige Radzierkappen aus dem Ford-Zubehörprogramm (»...lassen Ihren Taunus wertvoller und eleganter erscheinen«).

Ein zweitüriger GXL blieb selten. Wer die Topausstattung orderte, votierte meist auch für vier Türen. Der GXL der ersten Serie trug im Grill integrierte Zusatz-Halogenscheinwerfer.

Es gab zum Beispiel Sportfelgen im Stile des Granada statt der bisherigen Stahlsportfelgen, die sich am Design der seitherigen RS-Modelle (P6, P7) orientierten. Der GXL trug nun breitere Seitenschutzleisten, tiefer angeordnet zwischen den Radausschnitten, verlor aber die runden Zusatzscheinwerfer im Grill. Der sportliche GT entfiel, dafür war der XL auch mit seinem bisherigen Motor (88 PS) lieferbar, Rechteckscheinwerfer für alle Modelle (zuvor Taunus und Taunus L mit Rundscheinwerfern). Kühlergrill in neuem Design, einheitlich aus schwarzem Kunststoff statt Aluminium, mittig zwei Chromleisten, Querstabilisator auch hinten, Ford-Dreistufenautomatik statt der bisherigen Borg-Warner-Konstruktion. Ab 1973 gab es den Turnier auch in XL-Ausstattung, ab 1974 sogar als GXL.

Die 1975er Modifikationen (Bauzeitraum Januar bis Dezember 1975) waren eher kosmetischer Natur: Grill, Felgen, Zierteile, Stahlgürtelreifen, stärkere Lichtmaschine und heizbare Heckscheibe in Serie, Taunus und Taunus L trugen nun keine Chromradkappen mehr, sondern schwarze Plastikverkleidungen der Radmuttern. Sie verloren auch den Chrom um die Seitenfenster. Die gekrönten Wappen mit der Hubraumangabe an den Vorderkotflügeln wurden zugunsten von simplen Zahlen ersetzt, kein Wappen mehr im Kühlergrill.

Die letzten Tage des Berliner Sportpalastes, der im November 1973 abgerissen wurde und wo im März 1973 die Komödie »Der Narr von Paris und seine Marotten« aufgeführt wurde. Brandneu, ein 1973er Modell, der Taunus XL mit viel Chrom im Grill.

Im letzten Modelljahr 1975 wurden beim Grundmodell und Taunus L die Chromradkappen eingespart. Dafür trugen sie Breitbandscheinwerfer im ungeschmückten schwarzen Plastikgrill.

Viel Platz und eine gediegene Ausstattung im 1975er Taunus XL, die Mittelkonsole bei ihm ohne Uhr, im GXL mit Uhr.

Spätes GXL Coupé von 1974/75 mit neu platzierten Seitenschutzleisten, zuvor durchgehende, dünne Leisten auf Höhe der Gürtellinie, nunmehr breite und mit Kunststoff ausgelegte Leisten in Höhe der Radausschnitte. Das Design der Stahlsportfelgen orientiert sich nun an jenem des Granada.

Gut ausgestatteter Turnier von 1973 in damals neuer XL-Version. Ab 1974 gab es den Turnier sogar im vollen GXL-Ornat, und dann mit Sportfelgen.

Taunus-Spezialitäten

Der englische Karosseriebauer Crayford konstruierte auf Basis des zweitürigen Cortina TC1 eine Cabriolimousine. Ing. Stefan Wolf in Neufahrn bei München bot das Crayford-Cabriolet auf Taunus-Basis in Deutschland an, mit wenig Erfolg. Aber immerhin trat er damit in die Fußstapfen der Firma Deutsch in Köln, die 1971 ihren Betrieb einstellte.

Es gab ein TC1-Sondermodell zum Sonderpreis: Noch vor der Ölpreiskrise und dem allgemeinen Schock setzte Köln im Frühling 1973 auf »Die neue Ford-Parade« anlässlich sieben Millionen produzierter deutscher Ford seit 1925, Sondermodelle des Escort, Taunus, Consul und Capri. Den Parade-Taunus offerierte Ford als 1300er und als 1600er, letzteren mit oder ohne Automatik, in drei Farben (Maisgelb, Sebringrot und Weiß) und mit einigen Extras, darunter Sportfelgen mit Gürtelreifen, Grill und Heckblech schwarz (wie beim 1600 GT), heizbare Heckscheibe, Teppichboden, Rückfahrscheinwerfer, Vinyldach, Flankenzierleisten vom GXL.

Der Ford Taunus TC1 blieb in Erinnerung als typischer Zeitgenosse der frühen 70er, als charakteristischer Ford, der großvolumige Motoren und eine Effekt haschende Karosserie trägt, stets größer als der Mitbewerber Opel, aber eben auch als Empfänger der ersten Silbernen Zitrone, die der ADAC 1971 für den »qualitativ schlechtesten Neuwagen« verlieh. Er hatte einen ungemeinen Anfangserfolg, denn seine Karosserieform traf den Zeitgeschmack mitten ins Herz. Die anfänglichen Qualitätsmängel relativierten dies, aber für einen durchschnittsambitionierten Fahrer mit Hang zum Großartigen war der Taunus TC1 stets das richtige Auto. Mehr Design fürs Geld bot kein anderer außer Ford. Und einen günstigeren Sechszylinder hatte auch niemand im Angebot. In Genk entstanden zwischen September 1970 und November 1975 insgesamt 1.112.312 Exemplare des Taunus TC1. Damit hatte der Ford vor dem zeitgleichen Opel Ascona A (691.438 Stück zwischen August 1970 und Juli 1975) eindeutig die Nase vorn, wenngleich der Opel sich im Heimatland Deutschland besser verkaufte als der Ford.

DIE WIEDERKEHR DES TRADITIONSNAMENS

Den Traditionsnamen Taunus hatte Ford seit 1967 nicht mehr genutzt, erweckte ihn aber für den TC wieder zum Leben – diesmal nicht mehr als Ergänzung zur Markenbezeichnung für mehrere Modellreihen, wie bisher. Sondern nur noch für einen Fahrzeugtyp, somit also ganz konventionell: Ford Taunus, zuerst der Markenname, dann die Typbezeichnung, und die Ausstattungsvarianten wurden in Form von Buchstabenkürzeln angehängt. Den Namen wieder aufleben zu lassen, war sicherlich eine gute Idee, denn Taunus war sehr gut eingeführt, allseits bekannt und hallte gut nach. Natürlich ist »Taunus« sehr, sehr deutsch, und kaum ein Ausländer konnte inhaltlich damit etwas anfangen. Aber jeder konnte es leidlich aussprechen. Und dann kam noch hinzu, dass das Wort durch seine Endung »-us« allgemein ein lateinisches Wort suggeriert. Und tatsächlich ist es auch lateinischen Ursprungs, erstmals erwähnt bei Tacitus, dem bedeutenden römischen Senator und Historiker. Er berichtet in den »Annales« von einem »castellum in monte tauno« (wörtlich »Burg auf dem Taunus-Gebirge« und er meinte wahrscheinlich das heutige Friedberg im Taunus mit seiner Reichsburg). Und so erhielt der Höhenzug gemäß der Anweisung des Wittelsbachers Friedrich V., Pfalzgraf und Kurfürst von der Pfalz, Anfang des 17. Jahrhunderts, also in der Zeit, als die Oberschicht in Altertum und Klassizismus schwelgte, seinen Namen.

Ford-England benannte seinen Mittelklassewagen ab 1963 nach dem mondänen Wintersportort Cortina d'Ampezzo in den Dolomiten. Kurios, wenn auch zufällig: Auch Cortina ist ein lateinisches Wort und bezeichnet einen ummauerten Friedhof. Die beiden Zwillinge, zweieiig beim TC1 und eineiig beim TC2, hießen in Deutschland Taunus und in England Cortina, bis sie 1982 vom Sierra abgelöst wurden, der einen Einheitsnamen trug. Damit war die letzte Besonderheit im britischen Ford-Programm, der Name Cortina, passé.

ZH 200 536
CH

KAPITEL 13

Der letzte klassische Taunus: Der TC2 als Bürgers Liebling

Bis Ende der 70er Jahre stand Ford für konventionell klassische Dreivolumen-Karosserien, die Limousinen mit Stufenheck, wahlweise als Vier- oder Zweitürer, die Kombis ebenfalls klassisch gezeichnet. Das sollte sich ändern, denn der Taunus TC2, der Granada II und auch der Escort II waren die letzten Vertreter der klassischen Ford-Linie. Mit dem avantgardistischen Sierra ab 1982 schockte Ford die konservativen Käufer, mutete ihnen einiges zu, machte die Marke aber auch für progressive Kundenkreise attraktiv. Der Escort III brachte das Golf-Prinzip zwar schon 1980 in Fords Kompaktklasse, aber das war zu erwarten, unabdingbar und nicht revolutionär. Und der Scorpio ab 1985 leitete die neue Zeit in Fords Oberklasse ein. Danach war nichts mehr so wie früher, zumal auch der Capri 1984 als letzter Vertreter der alten Zunft abtreten musste.

Ein neuer Ford nach altem Konzept

Doch zunächst lancierte Ford 1976 den zweiten Taunus, den Taunus TC2. Wie beim Vorgänger gab eine englische Version, die immer noch (und letztmals) Cortina hieß und in Dagenham mit Rechtssteuerung produziert wurde. Doch diese Cortina-Generation unterschied sich vom Taunus durch nichts außer den Schriftzügen und der Position des Steu-

Der Ausstellungsraum der Stuttgarter Schwabengarage im Sommer 1976, Ford- und Honda-Motorradhändler. Die zweite Taunus-Generation war damals brandneu und wies den Weg in die geglättete, eckige Zukunft. Formal folgte ihr der Granada II ab dem kommenden Jahr. Aber noch sehen wir den ersten, den rundlichen Granada. Im Hintergrund links ein Ford Mustang II ab 1975, den die Schwabengarage mit relativem Erfolg anbot. Er hatte europäische Dimensionen. Aber genau deshalb war er kein Mustang im wahren Sinne mehr.

errades. Und natürlich gab es vom Cortina andere Sondermodelle als vom Taunus, denn die speziellen Editionen waren ureigene Sache der jeweiligen Ford-Filialen. Auch einige Ausstattungsdetails waren typisch britisch, zum Beispiel braune Vinyldächer. Der Cortina hatte in Großbritannien einen besseren Stand als der Taunus in Westdeutschland, er war die unangefochtene Nummer Eins der dortigen Zulassungszahlen und somit absoluter Platzhirsch. Der britische Karosseriebauer Crayford schnitt den Cortina wieder auf, aber seinen Weg nach Deutschland fand diese Konversion nicht (so wenig wie der Pickup P100).

Der TC2 entspricht konzeptionell und technisch dem letzten Taunus TC1 von 1975, trägt aber eine komplett neue Karosserie, wieder von Uwe Bahnsen geschaffen. Bei leicht größerer Außenlänge orientierten sich die Proportionen am Vorgänger und der Stil am Zeitgeschmack. Große Fensterflächen waren in Mode und grenzten sich bewusst vom Schwulst des Coke-Bottle-Styles ab, die in Höhe des Pavillons absinkende Flankenoberkante sorgte nicht nur für große Glasflächen und einen Licht durchfluteten Innenraum, sondern auch für ein nach wie vor kraftvolles Aussehen, weil sie eine Art Wespentaille suggerierte. Die Karosserie zeigte keinerlei Auffälligkeiten mehr, die Knudsen-Nase war weg, der neue Taunus war einfach nur allgemein gefällig. Das Coupé fiel hierzulande weg, den TC2 gab es als Zwei- und Viertürer sowie als Turnier. Wie beim Granada der zweiten Generation bekam auch der Taunus TC2 Turnier lediglich eine modernisierte Frontpartie, ab Windschutzscheibe rückwärts entsprach er dem Vorgänger. Auch die Limousine entlieh sich Karosserieteile vom Vorgänger, Türen und Windschutzscheibe sind identisch. Doch der ganze Charakter des Wagens war anders als beim TC1, der Neue wurde sportlicher ausgelegt, nüchterner, fast schon jünger.

Der Karosserieschöpfer des TC2 und so manch anderer Taunus' auch: Uwe Bahnsen zu Zeiten, als er am Escort III arbeitete, also Ende der 70er Jahre.

Bessere Ausstattung serienmäßig

Das gehörte zur Firmenphilosophie von Robert »Bob« A. Lutz, seit August 1974 Generaldirektor in Köln, der auch den Granada zum Modelljahr 1975 modernisierte und die Neuwagengarantie auf 20.000 Kilometer erweiterte. Gleichzeitig verfügte Lutz, die Ausstattung der Ford-Wagen neu zu sortieren. Die Aufpreispolitik deutscher Marken wurde zunehmend vom Kunden nicht mehr akzeptiert; der Trend ging

Robert A. »Bob« Lutz war gut für Ford, er steigerte die Verkäufe und machte die Autos attraktiver. 1974 wurde er Generaldirektor in Köln und krempelte das Programm um, 1976 wechselte er zu Ford of Europe in London. Aufnahme von 1970, als er noch Deutschland-Verkaufschef bei Opel war.

Mitte der 70er zu einer kompletteren Grundausstattung statt luxuriöser Einzelattribute. Französische und vor allem japanische Importeure hatten die Deutschen dazu regelrecht gezwungen. Bob Lutz, ebenso schillernd wie auf Erfolg versessen, peitschte Ford nach oben. Unter seiner Ägide produzierte und verkaufte Ford 1977 die Hälfte mehr als zwei Jahre zuvor und eroberte einen Marktanteil von 15 Prozent (zum Vergleich: 2021 betrug der Marktanteil in Deutschland 8,8 Prozent nach 6,7 im Vorjahr).

Bis Mitte 1976 war Lutz der Chef von Ford in Köln, dann wurde der Amerikaner mit Schweizer Pass an die Spitze der europäischen Ford-Zentrale nach England befördert (und war ab 1982 Leiter sämtlicher Ford-Aktivitäten außerhalb der USA. Dann holte ihn Lee Iacocca zu Chrysler, nachdem ihn Henry Ford enttäuscht hatte, weil er nicht Ford-Präsident werden durfte). Unter Lutz änderten Ford-Fahrzeuge ihren Charakter, weg von weich abgestimmten auf Luxus und Behaglichkeit getrimmten Fahrzeugen, hin zu mehr Nüchternheit und Sachlichkeit. Mit anderen Worten: Waren die ersten unter der Oberherrschaft von Ford of Europe geschaffenen Ford eher englisch geprägt, so wurden sie unter Lutz' Ägide teutonisch. Unter ihm wurde Deutschland zum europäischen Schlüsselmarkt, auch wenn der TC2 auf der Insel mehr als in Deutschland reüssierte, was aber hauptsächlich an der eher schwachen Marktposition der englischen GM-Tochter Vauxhall lag und daran, dass der deutsche Platzhirsch Volkswagen dort eben nur eine Importmarke unter vielen war.

Der Taunus TC2 wurde nicht nur wegen seiner allseits gefälligen Karosserie vom Publikum gut angenommen, sondern auch, weil er, obgleich vermeintlich neu, doch ein ausgereifter Wagen war, der deswegen ohne Kinderkrankheiten auf den Markt kam. Er war schlichtweg Vertrauen erweckend. Das sorgte für eine ungemeine Anfangsnachfrage, Lieferfristen von vier bis sechs Monaten waren im ersten Jahr die Regel.

Von gebrauchten Mercedes gesäumt: Fabrikneuer Taunus 2 Liter Ghia von 1976 für denjenigen, der Luxus will, aber keine Granada-Größe braucht.

Das ist der Wagen eines arrivierten Bürgers im besten Alter, kann aber auch der Dienstwagen eines im eher unteren Bereich angesiedelten Businessman sein: Taunus 2 Liter Ghia mit Alus und Vinyldach. Sicher ist: Wer damit vorfährt, muss sich gewiss nicht schämen.

Innen tat sich nicht allzu viel, denn das Armaturenbrett konnte mit kleinen Modifizierungen vom TC1 übernommen werden, je nach Ausstattungslinie zu unterschieden am Zwei- oder Vierspeichenlenkrad. Die beim Vorgänger (ebenso wie beim Granada) vielfach kritisierte Position des Schalthebels wurde geändert und drei Zentimeter nach hinten versetzt, sodass kleinere Fahrer beim Schalten in den dritten Gang keine Verbeugung mehr machen mussten. Ansonsten gab es bessere Sitze, anders gestaltete Verkleidungen sowie ab April 1977 höhenverstellbare Kopfstützen für alle Modelle. Am Fahrwerk änderte Köln konzeptionell nichts, verbesserte aber viele Kleinigkeiten, stimmte das Ganze besser ab und sorgte für allgemeine Zufriedenheit bei fahrerisch anspruchslosen Kunden. Doch zunehmend geriet die hintere Starrachse ins Aus, galt als unmodern und wurde in jedem Testbericht kritisiert.

Das Motorenangebot blieb weitgehend gleich. Die Sechszylindermodelle mit 2 und 2,3 Litern spielten eine zunehmende Rolle, sie waren prestigeträchtig und dank ihnen schaffte es der Taunus, zum Einsteiger in die Businessclass zu werden. Unverändert blieben der 1300er (55 PS) und die beiden 1600er (68 und 72 PS), neu hinzu kam ein 2-Liter-Vierzylinder mit oben liegender Nockenwelle und 98 PS. Das war der aufgebohrte Pinto-Motor, im britischen Cortina und Capri längst bekannt, für deutsche Ford neu, der den Taunus ziemlich fahraktiv machte, denn der Motor wog immerhin 188 Kilo weniger als der hubraumgleiche Kölner V6 und hatte obendrein acht Pferde mehr. Er hatte also eine sportliche Charakteristik, war das richtige Aggregat für den Taunus S, aber die Sechszylinder-Motoren sorgten für weit kultiviertere Fortbewegung.

Noch gab es die Zweitürer-Limousine, hier ein fabrikneuer Taunus GL im März 1976. Aber diese Karosserieform war rein deutsch und damals schon auf dem absteigenden Ast. Lackiert ist der Wagen in der Ford-Ewigkeitsfarbe Stratosilber.

Neue Namen, alte Bekannte

Die Ausstattungen wurden neu benannt, aber kaum neu sortiert. Das Grundmodell blieb selbiges (auf manchen Exportmärkten Taunus Custom genannt), der Taunus L auch, aus dem XL wurde der GL, die Sportversion, der ehemalige Taunus GT, wurde zum Taunus S, der GXL zum Ghia. Die Carrozzeria Ghia ist ein 1916 gegründetes Designstudio in Turin. Nach dem Tod des langjährigen Geschäftsführers Luigi Segre 1963 gab es mehrere Eigentümerwechsel, letzter Privatbesitzer war Alejandro de Tomaso, der Ghia 1970 an den Ford-Konzern verkaufte, der seither Inhaber ist. 1974 wurde der erste europäische Ford in den Adelsstand erhoben, dass seine Topversion mit dem Namen Ghia geschmückt wurde: Der Granada Ghia rangierte oberhalb des Granada GXL, und seine Innenausstattung sowie seine äußeren Besonderheiten wurden tatsächlich im italienischen Designstudio ersonnen. Danach trugen alle Ford-Topausstattungen den Namen Ghia, bis etwa zum Jahr 2010 – so auch der Taunus TC2.

Die Farbe passt zum Charakter des Wagens. Neben dem silbernen Taunus GL steht ein nagelneuer Taunus S, kein Gramm Chrom, Alus, Zusatzscheinwerfer, härter abgestimmt. Die Farbe heißt Signalorange, die Briten nannten es Signal Amber.

Sicherheitsattribute waren schon beim Grundmodell nun endlich Standard: Verbundglasfrontscheibe, Stahlgürtelreifen, vordere Scheibenbremsen, Bremskraftverstärker, elektrischer Scheibenwascher, heizbare Heckscheibe, Sicherheitslenksäule, Lenkrad mit Prallplatte – etwas anderes hätte Ford nicht mehr bringen können, da waren Vorschriften und Konkurrenz vor. Im Taunus L war der Teppichboden nicht mehr einheitlich schwarz, sondern harmonierte mit der Innenfarbe, zudem wies er eine kleine Mittelkonsole auf. Schön ausgestattet war der GL mit Holzmaserung am Armaturenbrett, Vier- statt Zweispeichenlenkrad, spezielle Polstergestaltung, höhenverstellbare Kopfstützen, große Mittelkonsole mit Ablagebox, deren Deckel mit Polsterstoff bezogen ist, die Rücksitzbank mit Einzelsitzformung und Mittelarmlehne, Stahlsportfelgen statt normaler Stahlfelgen ohne Radkappen, Seitenzierleiste, H4-Licht.

Der Ghia verfügte über die Komplettausstattung, aber selbst für ihn gab es noch einiges gegen Aufpreis, so Automatik, die Bilstein-Gasdruckdämpfer und Zusatzscheinwerfer aus dem Taunus S, Vinyldach, rechter Außenspiegel, getönte Scheiben, Metalliclack, Schiebedach. Sogar ein abschließbarer Tankdeckel musste beim Ghia extra bezahlt werden. Aber er trug innen viel Holz, auch an der Oberkante der Türverkleidungen, einen hochflorigen Teppichboden, besonders feine Stoffbezüge, zusätzliches Dämmmaterial und vor allem Alufelgen, dazu außen viel Chrom. Dem Namen nach neu war der Taunus S, ausschließlich mit dem Vierzylinder-2-Liter mit 98 PS oder dem 2,3-Liter-V6 mit 108 PS lieferbar, härter abgestimmtes Fahrwerk mit Bilstein-Gasdruck-

Ein Taunus 2.0 GL war »bezahlbar«. Damals bedeutete das Wort nicht, dass etwas billig sein musste und somit für arme Leute erreichbar. Vielmehr bedeutete es »preiswert«. Also seinen Preis wert.

Exportware: Bunte Taunus Turnier im März 1979 in Bremerhaven am Columbusbahnhof.

Taunus L Turnier von 1976. Ein typischer Handwerkerwagen. Er lieferte Fernseher aus. Oder transportierte Gemüsekisten vom Bauernhof zum Wochenmarkt. Er wurde weder geliebt noch gepflegt. Und er ist heute eine Rarität.

Stoßdämpfern, Alufelgen mit 185er-Reifen, keinerlei Chrom, alle Anbauteile mattschwarz, dazu schwarzes Heckblech, Drehzahlmesser, H4-Hauptscheinwerfer mit runden Zusatz-Fernscheinwerfern. Den Turnier gab es zunächst nicht als Taunus S oder Ghia.

Taunus TC2 '80

Ein umfangreiches Facelift erlebt der TC2 anlässlich der IAA 1979, also zum Modelljahr 1980. Bisweilen wird vom Taunus 3 oder vom TC3 gesprochen, aber offiziell ist diese Bezeichnung nicht (so wenig wie »Granada III« für die Modelle ab 1982). Ford betrachtete dies als großes Facelift (und es war groß!), aber nicht als neue Modellgeneration. Zur Unterscheidung zum ursprünglichen Taunus TC2 kann man das Faceliftmodell »Taunus TC2 '80« nennen. Das gilt nicht für den Cortina, der nach der Überarbeitung offiziell »Cortina Mk V« genannt wurde, weil Ford-Dagenham anders zählte als Ford-Köln. Der Einheitlichkeit halber sprechen wir vom Cortina TC2 '80. Er war so erfolgreich, dass Ford erstmals die Plätze Eins bis Drei in der britischen Zulassungsstatistik mit Fiesta, Escort und Cortina belegte.

Am auffälligsten sind die vergrößerten Fensterflächen, alles andere war Kosmetik. Eine schwarze Abdeckung der Zwangsentlüftung in der C-Säule, die Vorderblinker größer und um die Ecken gezogen, die Rückleuchten ebenso nun seitlich sichtbar und größer, ein neuer Lamellenkühlergrill aus Kunststoff, dazu neue Stoßstangen, die bis zu den Radausschnitten reichten. Chrom außen war kein Standardmerkmal mehr, sondern schmückte nur noch die Luxusvariante, ansonsten dominierte sachliches Schwarz bei den Anbauteilen. Doch die um 6,2

Weniger Heckblech, dafür größere Heckleuchten beim Taunus TC2 '80, hier als 1,6 Liter GL in Atlantikblau (das fast wie Schwarz wirkt), aufgenommen in Berlin 1983 zusammen mit einem Opel Kadett C Coupé und einem Fiat Uno.

Prozent erhöhte Fensterfläche war auf den ersten Blick sichtbar, gepaart mit einer anderen Dachform. Insofern ist verständlich, wenn beim TC2 '80 von mehr als einem Facelift gesprochen wird, denn Ford griff hier tief in die Karosseriesubstanz ein. Innen diverse Modifizierungen, Vollschaum- statt Spiralfedern (bei konventionellen Sitzen), gepaart mit durchbrochenen Kopfstützen (damals sehr modern!) und stufenlos verstellbaren Rückenlehnen. Erneut arbeitete Ford am Fahrwerk, vorne verstärkte Stabilisatoren, hinten kamen Gasdruck-Dämpfer bei allen Modellen. Einen Taunus S als eigenständige Ausstattungsversion gab es nicht mehr. Statt dessen bot Ford für alle Taunus-Modelle inklusive Turnier (außer Basis-Taunus, außer 1,3-Liter-Motor) das S-Paket an. Der Ghia und der S behielten zwar ihre bisherigen 13-Zoll-Alus. Aber es gab für das S-Paket optional neu gestylte 14-Zöller mit vier großen Löchern aus dem Ford-RS-Programm, bezogen mit 195/60 HR 14-Niederquerschnittreifen. Recaro-Sitze ebenfalls gegen Aufpreis. Bis zuletzt war die Servolenkung bei keinem TC2 serienmäßig. In den letzten Jahren reduzierte Ford die Turnier-Ausstattungen auf Grundmodell, L und LS. Kurioserweise wurde der Wunsch nach einem komfortablen Kombi nicht mehr erfüllt. Die Kunden wurden in Richtung Granada gelenkt.

Auf der Motorseite tat sich beim TC2 '80 nahezu nichts außer der Umstellung auf Venturi-Gleichdruckvergaser, die Ford anpries, als seien die das Nonplusultra: Die Laufcharakteristik sei einem Einspritzer vergleichbar, hieß es, doch das war nur mit maximaler Ford-Begeisterung zu erspüren. Dabei ging es in erster Linie ums Spritsparen, denn nach 1973/74 litt die westliche Welt 1979/80 unter der zweiten Ölkrise, die zwar weniger in Erinnerung blieb als die erste, aber den Geldbeutel der Autofahrer noch mehr belastete. Grund waren Förderausfälle im Zusammenhang mit der Islamischen Revolution im Iran (Sturz des Schahs von Persien durch den Schiitenführer Ajatollah Khomeini). Davon hat sich der Erdöl- und damit Benzinpreis nie mehr erholt. Der 1,3-Liter-Motor kam nun mit 59 statt 55, der 1600 mit 70 oder 73 PS, der 2-Liter-Vierzylinder mit 101 statt 98 und der 2,3-Liter-V6 rollte mit 114 statt 108 PS vor – nur der 2-Liter-V6 blieb bei 90 PS.

Zum Modelljahr 1980 sortierte Ford auch die Ausstattungsversionen neu: Letztendlich bedeutete die Übernahme von Features aus höherwertigen Linien in die nächst niedrigere zwar eine Aufwertung letzterer, aber eine Abwertung der darüber liegenden Linie. Ghia-Eigenheiten trug nun schon der GL, dessen Spezialitäten fanden sich im

Auf dem Ford-Prüffeld im belgischen Lommel: Ein TC2 '80 in Ghia-Ausstattung macht sich im Dienste des Werkes und somit im Dienste des Kunden schmutzig.

Der Turnier als Toppmodell: Taunus 2.3 GLS Turnier von 1980. Wer sich ihn leisten konnte, hätte auch einen Granada Turnier kaufen können. Aber ein Taunus GLS Turnier fuhr sich sportlicher als der schwerere Granada, und nicht jeder brauchte dessen immensen Stauraum.

Schnappschuss auf der Insel Kreta im Sommer 1999: TC2 ’80 Turnier als Werkstatt-Servicewagen mit Verblechungen anstelle der hinteren Seitenscheiben, ein nachträglicher Umbau. Neben ihm ein derangierter Fiat 128, hinten ein interessanter Opel Rekord E2 Lieferwagen.

Taunus L wieder. Es lief darauf hinaus: Der Taunus entsprach dem bisherigen Taunus L, der GL dem seitherigen Ghia, und der Ghia (zuvor um Schiebedach und Radio reduziert) bekam wieder ein Radio, H4-Scheinwerfer und beidseitig von innen verstellbare Außenspiegel. Für die letzten Produktionsmonate gönnte Ford dem Taunus noch eine letzte Aufwertung der Ausstattungen sowie eine bessere Rostvorsorge und eine länger haltbare Auspuffanlage ab September 1981. H4-Licht, Bremskraftverstärker und verschließbarer Tankdeckel hatten nun alle Taunus, der Ghia-Fahrer blickte durch getönte Scheiben nach draußen.

Der Taunus TC2 wurde zwischen Januar 1976 und August 1979 gebaut, der TC2 '80 zwischen September 1979 und Juni 1982. Ihm folgte der Sierra.

Die Sondermodelle: Extras zum Sonderpreis

Der Trend zu Sondermodellen setzte Ende der 60er Jahre ein, mit dem Ende des Wirtschaftswunders und dem Konjunktureinbruch 1966/67. Damals erlebte die Bundesrepublik ihre erste Wirtschaftsdelle. 1967 gab es erstmals kein Wirtschaftswachstum, die Arbeitslosenquote stieg auf 2,2 Prozent, die Preise gingen in die Höhe, Kredite wurden teurer, Investitionen gingen deshalb zurück, die Bundesregierung beschloss ein Sparprogramm.

Die Autohersteller reagierten mit ersten Sondermodellen, Vorreiter war Opel. In den frühen 70ern setzte der Sondermodell-Boom ein. Besonders komplett oder besonders preiswert ausgestattete Fahrzeuge sollten den Absatz in Zeiten dümpelnder Konjunktur, aber auch im verkaufsschwachen zweiten Lebenszyklus eines Automodelllebens ankurbeln. Seitdem sind spezielle Auflagen ein fester Bestandteil im Programm der Massenhersteller, ihren Höhepunkt erlebte die Sondermodell-Manie in den späten 70ern und während der 80er Jahre.

Vom Taunus TC2 gab es fünf Werks-Sondermodelle (plus einige vom Cortina TC2 wie Crusader und Caroussel). Alle zeichneten sich durch eine spezielle Ausstattung aus, meist mit Attributen höherwertigerer Modelle wie Teppichboden und Holzverzierung vom GL oder Sitze vom Ghia, die meisten wurden überdies mit damals modernen Zierstreifen beklebt.

Das erste Sondermodell war der Taunus Köln in zwei Editionen, Januar und September 1978, auf Basis Taunus L 2.0 V6, Gurte auch hinten, Seitenschutzleisten, H4-Licht, Stahlsportfelgen, Zusatzscheinwerfer vom Taunus S. Im März 1979 folgte der Taunus Europa auf Basis

Andere Länder, andere Bestattungssitten: Taunus TC2 '80 GL 2 Liter V6 als spanischer Bestattungswagen, angefertigt vom Karosseriebauer Fersan in der Provinz Valencia, der allenfalls regionale Bedeutung hatte. Das vermeintliche »Eiserne Kreuz« auf der Motorhaube kann von einem Deutschen fast nur falsch interpretiert werden. Es ist in dieser Machart nichts als ein christliches Symbol.

Fand nie den Weg auf den Kontinent: Der Crayford-Cortina mit dem T-Bar-Roof, also mit zwei herausnehmbaren Dachhälften und einem Faltverdeck über den Rücksitzen. Offiziell hieß er Cortina Convertible Coupé by Crayford.

GL 1,6 mit Schiebedach, von innen verstellbarem Außenspiegel, Stoßstangenhörnern, Ghia-Sitzen und -Teppichboden, auch als Europa 2.0 V6 lieferbar, dann mit Servolenkung und 185er-Reifen. 1981, also schon auf Basis Taunus TC2 '80, erschienen gleich zwei spezielle Editionen: Im Februar 1981 der Taunus Festival 1,6 Liter (Kühlergrill in Wagenfarbe, Zierstreifen, Stahlsportfelgen, spezielle Sitzbezüge); im September folgte der Taunus Favorit 1,6 Liter, ein Basismodell mit L- und GL-Features, Stahlsportfelgen, Motor- und Kofferraum beleuchtet. Eine Art Abschiedsmodell kurz vor der Wachablösung war der Taunus Brillant vom Februar 1982, Innenraumattribute vom GL, Sitze vom Ghia, außen ein schmaler, roter Seitenstreifen an der Flanke. Einen sehr ähnlich ausgestatteten Wagen offerierte Ford-Österreich zur selben Zeit, das Sondermodell Taunus Austria XL - wie es überhaupt von einigen Importeuren Taunus-Sondermodelle für den jeweiligen Markt gab.

Ein Taunus TC2 im Grünen, das Sondermodell Festival von 1981 in Stratosilber mit blauen Zierstreifen.

In guter alter Tradition gab es 1978 wieder einen Ford mit Namen Köln, das Taunus-Sondermodell Köln.

경남 1
가 6829

KAPITEL 14

Taunus in aller Welt: Montage im Ausland und Importe nach Deutschland

Taunus: Der Name ist so deutsch, dass es deutscher kaum mehr geht. Und das war gewollt, zu einer Zeit, als es Ford nötig hatte, seine Fahrzeuge als »deutsche Erzeugnisse« zu profilieren. Der Name blieb dem Wagen, auch im Export, wenngleich die meisten Ausländer nicht wussten, was er bedeutet und bei der Aussprache Probleme hatten. Ford behielt den Namen auch bei, wenn der Taunus in den entlegendsten Produktionsstätten dieser Welt vom Band lief – sei es als originäre Produktion, sei es als Montagefahrzeug, das als CKD-Kit ins jeweilige Land gebracht wurde. Darunter versteht man, dass komplett in Köln gefertigte Fahrzeuge unmontiert, also in Bausatzform, in Überseekisten ins jeweilige Bestimmungsland exportiert und dort an eigens eingerichteten Montagebändern komplettiert wurden. Immer lag der Grund, warum dies geschah, im steuerlichen Bereich.

Protektionistische Regierungen (wie beispielsweise in Argentinien oder Südafrika) verfügten, dass importierte Luxusgüter, wozu Automobile gehören, sehr hoch besteuert wurden, wohingegen im Lande montierte Güter steuerlich begünstigt wurden, weil deren Wertschöpfung lokal erfolgte und sie Arbeit für Einheimische bot. Der Grad der Wertschöpfung im eigenen Land konnte variieren, wenn zusätzlich einheimische Produkte verwendet wurden, beispielsweise Lackfarben, Innenraumstoffe, Scheibenglas, Reifen oder sonstige Teile von lokalen Zulieferern. Deshalb variieren die Lizenz-Taunus von den Kölner Fahrzeugen. Und darüber hinaus verwendete Ford auch Teile englischer Wagen an deutschen Lizenz-Taunus. Manchmal nur Kleinigkeiten wie beispielsweise Radzierkappen, manchmal auch ganz wesentliche mechanische Komponenten wie die Motoren. So wurden die 20m P7 aus Südafrika von englischen Essex-Motoren beflügelt, bis hin zum 3-Liter-V6 mit 138 PS (aber er durfte dennoch nicht 30m heißen).

Südafrika: Ganz spezielle RS-Modelle für das Kap

Der Staat Südafrika galt lange Zeit als der einzige oder zumindest am weitesten entwickelte Wirtschaftsraum Afrikas – trotz oder wegen des Apardheitssystems. Nirgends in dem großen Kontinent Afrika konnten die westlichen Industrienationen besser Geld verdienen als in diesem Land im Süden Afrikas am Kap der Guten Hoffnung. Deshalb siedelten sich auch etliche Unternehmen der Automobilbranche dort an, entweder als Produzent oder mit einem Montagebetrieb. In Südafrika war Ford der automobile Pionier, die lokale Montage des T-Modells startete 1924, und Ford ist mit Unterbrechung von 1988 bis 1994 toujours am Kap vertreten, mit Fahrzeugproduktion und -montage. Die ersten in Südafrika montierten Ford kamen aus der kanadischen Ford-Fabrik, denn nur dort wurden rechtsgesteuerte Fahrzeuge produziert. Deutsche Ford, also den Taunus, gibt es in Südafrika ab Einführung des P2 1957. Angeboten wurden die Typen P2 und P3, reine Importfahrzeuge aus Köln, rechtsgelenkt, die Kombis hießen Station Wagon. Auf Basis beider baute Ford of South Africa Pickups, die dort so genannten Bakkies, denen die horizontal zweigeteilte Heckklappe des P2 Turnier besonders zugute kam.

Der erste in Port Elizabeth montierte, deutsche Ford ist der P5. Die Fahrzeuge kamen in Einzelteilen aus Köln und wurden in Südafrika zusammengeschraubt, einige Komponenten aus lokaler Fertigung oder von ansässigen Zulieferern (wie das bei CKD-Kits üblich ist). Optisch unterschieden sich die südafrikanischen 17m und 20m von ihren deutschen Brüdern nur durch die englischen Radzierkappen. Und Ford of South Africa bezeichnete den 20m als »Ford Taunus Tiger«. Der P5 wurde in Südafrika zwischen 1964 und 1967 montiert.

Den P7a übersprang Ford of South Africa und montierte 1968 bis 1970 den P7b als 17m und 20m, oberhalb des dort populären Cortina und unterhalb des Zodiac positioniert. Eine Zweitürer-Limousine gab es nicht, nur den Viertürer, den viertürigen Turnier („Estate Car") und das Hardtop-Coupé, aber die unterschieden sich deutlich von den deutschen Originalen. Es wurden nämlich keine Kölner Motoren verbaut, sondern britische Essex-Maschinen, im 17m der Essex-V4 mit 1663 oder 1996 cm^3, im 20m der Essex-V6 mit 2495 oder 2994cm^3. Auch äußerlich gab es leichte Unterschiede, denn die Wagen waren optisch etwas höher angesiedelt als die Kölner Originale. Der 17m trug den Kühlergrill und die Zierteile des deutschen 20m, der südafrikanische 20m hingegen bekam die Doppelscheinwerfer des deutschen 26m. Besonders schön ausgestattet war der 20m XL, optisch an den Radkappen des 26m zu erkennen (die ihrerseits aus Großbritannien stammen).

Am meisten Eigenständigkeit zeigen die beiden südafrikanischen P7b-RS-Modelle, ausschließlich als Hardtop-Coupé angeboten, der 17m RS mit dem 2-, der 20m RS mit dem 3-Liter-Essex-V6. Der 20m RS

Sie nannten ihn Tiger: Der Taunus 20m P5 hieß in Südafrika Ford Taunus Tiger, seine einzige optische Besonderheit sind die Radkappen inklusive der Radzierringe vom englischen Zodiac.

Cover des 1970er Prospektes, und auch wenn der Titelheld wie ein 20m aussieht, so handelt es sich doch um einen 17m. Denn der trug in Südafrika den 20m-Grill.

Respektvoller Auftritt: Werbung für den 20m RS mit satten 138 PS aus 3 Litern Hubraum (also, wenn Logik dominierte, ein 30m), charismatische Kriegsbemalung und Respekt einflößende Hutze auf der Haube.

brillierte durch eine in Europa unbekannte Motorhaubenhutze. Optional gab es für beide ein Vinyldach. Unterschiedlich zu den deutschen RS war die Kriegsbemalung. Deutsche RS hatten ihre Seitenstreifen dreilagig, dünn-dick-dünn und einheitlich für 17m und 20m RS, Südafrika gestaltete dies viel individueller und extravaganter. Der 17m hatte einen dünnen Doppelstreifen, der sich vorne am Blinker entlang schmiegte und sich bis zum Radausschnitt fortsetzte, der 20m RS trug den Streifen auf ähnliche Weise, aber in unterschiedlicher Stärke (der obere dicker als der untere), und der Doppelstreifen setzte sich hinter dem Vorderradausschnitt über die Türe fort und lief im hinteren Seitenblech aus. Dazu war bei beiden der mittlere Teil der Motorhaube in seidenmattem Schwarz lackiert.

Die südafrikanischen RS-Modelle wurden von Mitte 1969 bis Dezember 1971 gebaut, insgesamt 1201 Exemplare, davon alleine die Hälfte im ersten Produktionsjahr 1969.

Eine weit größere Rolle in Südafrika spielte der Cortina, aber natürlich die englische Version, weil Südafrika ein Rechtslenkerland ist. Eine dortige Entwicklung ist der Ford P100, ein Ein-Tonner-Pickup, eine am Kap sehr populäre Aufbauform und liebevoll „Bakkie" genannt. Der P100 basierte zunächst auf dem Cortina TC1, 1977 bis 1987 auf dem TC2, anschließend bis 1993 auf dem Sierra. Den P100 auf Sierra-Basis gab es in mehreren europäischen Märkten (nicht auf dem deutschen), und er stammte ab 1987 aus portugiesischer Produktion.

Südkorea: Der P7b von Hyundai

Es existierte eine freundschaftliche Verbindung zwischen Ford und dem größten Mischkonzern Südkoreas, der Hyundai-Gruppe, die rund 15 Jahre andauerte und ebenfalls einen in Lizenz montierten P7b hervorbrachte. 1967 stieg Hyundai in den Automobilbau ein und wurde von Ford beim Bau einer neuen Autofabrik in Ulsan unterstützt, wo ab 1968 Ford-Fahrzeuge hergestellt wurden. In erster Linie wurde der Cortina komplett gebaut, die Modellreihen Cortina II, TC1 und TC2 (jeweils auch als Pickup). Zeitweise wurde er von größeren Ford-Typen ergänzt, die nicht hergestellt, sondern montiert wurden, zunächst zwischen Mai 1969 und Juni 1973 der 20m P7b und ab Oktober 1978 der Granada II, der sämtliche Evolutionen des deutschen Wagens mitmachte. Der 20m P7b, nur als Viertürer-Limousine in Südkorea in 2406 Exemplaren montiert, entspricht dem deutschen 20m XL mit 2-Liter-V6-Motor. Dann gab es noch in geringen Stückzahlen den 20m Wagon, der nicht dem deutschen Turnier entspricht und nicht aus Kölner Teilen in Südkorea montiert wurde. Vielmehr war er eine dortige Eigenkonstruktion, die Kombis entstanden aus Viertürer-Limousinen. Das ist daran zu erkennen, dass

Stimmungsvolle Werbeaufnahme mit ungewöhnlicher und etwas unrealistischer Ausleuchtung: Hyundai 20m von 1969, made in South Korea.

Der südkoreanische 20m Wagon ist eine Hyundai-Eigenkonstruktion, in manueller Kleinserie aus der Rohkarosserie der Viertürer-Limousine entstanden. Die hinteren Türen stammen von der Limousine; deren Rahmen sowie das dritte Seitenfenster sind anders geformt als beim Kölner Turnier. Ebenfalls erkennbar ist, dass sich die gesamte Dachlinie unterscheidet und nach hinten etwas abfällt.

Südkoreanischer TC2 mit speziellen Stoßstangen und Radkappen, die unorthodoxe Position der Außenrückspiegel ist der dortigen Zulassungsordnung geschuldet. Im Hintergrund Teile eines Hyundai Granada.

ihre hinteren Seitentüren denjenigen der Limousine entsprechen, im Bereich der Fensterrahmen also dem Schwung der Limousinen-C-Säule folgen. Deutsche P7b Turnier hatten eigenständige hintere Türen, deren Rahmen im hinteren, oberen Bereich nicht schwungvoll gestaltet sind, sondern eckig. Auch die dritte Seitenscheibe in Höhe des Laderaums war eine Eigenfertigung und entsprach formal nicht dem Kölner Vorbild. Die Heckklappe des Hyundai 20m Wagon war hingegen ein Kölner Zulieferteil. Für Ford-Variantenfetischisten ist der südkoreanische 20m Wagon sicherlich hochinteressant. Das erste Eigengewächs von Hyundai, der unterhalb des Cortina angesiedelte Pony von 1975, wurde mit Mitsubishi-Hilfe konstruiert. Der größere Stellar hingegen, 1983 als Cortina-Nachfolger lanciert, war unterm Blech weiterhin ein Ford Cortina TC2: Auf dessen Bodengruppe kam eine eigenständig, von Giugiaro gezeichnete Karosserie, angetrieben von Mitsubishi-Motoren.

Der Taunus jenseits des Großen Teiches: 1. FC Köln unterliegt VfL Wolfsburg

Den kometenhaften Anstieg der Volkswagen-Verkaufszahlen ab Mitte der 50er Jahre nahmen die Großen Drei in den USA nicht regungslos zur Kenntnis, sondern zähneknirschend. Offenbar, und sehr zu deren Überraschung, gab es eine gar nicht kleine Autoklientel in den USA, die das Treiben der Hausmächte kritisch sah und sich nicht dem bedrohlichen Heckflossen-7-Liter-V8-Hardtop-Pastellfarben-Mainstream unterzuordnen gewillt war - aufsässige Kunden, die Pragmatismus vor Blendwerk setzten. Die amerikanischen Straßenkreuzer, zwar für den Highway gemacht, entschwebten immer mehr den irdischen Sphären und nahmen Ähnlichkeiten mit Düsenjets, Raketen und Space Shuttles an. Das gefiel den meisten Amerikanern, die sich in der zweiten Hälfte der 50er Jahre mit Piloten und Astronauten identifizierten. Ikonen des amerikanischen Automobildesigns wie Harley Earl gaben dem Volk, was das Volk wünschte. Aber da waren auch noch andere unter ihnen. Bodenständige Leute, denen die Haftung an der Erde auch automobilistisch nicht entglitten war, Intellektuelle und Mahner. Sie bediente das Volkswagen-Werk mit dem unangepassten Beetle, dem Käfer.

Diese Leute wollten die Großen Drei mit Eigenprodukten bedienen und schickten daher ihre Europäer ins Rennen. Chrysler importierte halbherzig die Simca Aronde, General Motors verkaufte über die Buick-Schiene den Opel Olympia Rekord P I und Ford über Lincoln-Mercury-Händler zunächst den britischen Anglia/Prefect, ab Mai 1958 den Taunus 17m P2, einfarbig als Standard und zweifarbig als Deluxe, Zwei- und Viertürer-Limousine sowie als „Combi". Rekord und Taunus schafften einen Achtungserfolg, denn ihr Design, ohnehin made in Detroit (GM) und im 15 Kilometer entfernten Dearborn (Ford), entsprach dem dortigen Geschmack. Schließlich waren sie ja nichts anderes als verkleinerte US-Traumwagen. Dass Ford den P2 in den USA über Lincoln-

Mercury-Händler und in Kanada über die dortige Edsel-Monarch-Schiene anbot, belegt, dass der deutsche Wagen als Premiumprodukt positioniert wurde.

Volkswagen hatte den Weg bereitet, dass das Ansehen deutscher Autos in den USA sehr hoch war. Das war eine gnädige Steilvorlage. Ford musste die dortigen Käufer nicht unbedingt davon überzeugen, warum es gerade ein deutsches Auto war, das sie kaufen sollten. Die Amerikaner mochten deutsche Produkte. So konnte Ford also offensiv mit der deutschen Abstammung und deutschen Qualität des Taunus 17m werben. Große Unterschiede zum heimischen P2 gab es bei den US-Exportmodellen damals noch nicht, die Blinker auf den Kotflügeln (mit weißen Gläsern) dienten als Positionsleuchten, als Vorderblinker fungierten kleine, zusätzliche Leuchten, die auf der Stoßstange montiert waren, dazu Sealed-Beam-Scheinwerfer. Weißwandreifen aus US-Produktion waren serienmäßig.

Dennoch war der Taunus P2 der einzige deutsche Wagen, den Ford in den USA ins Rennen schickte (1958 wurden dort 1650, 1959 gar 6570 Ford P2 verkauft, 1960 waren es circa 2000). Nach dessen Pro-

Ein Ford P2 in den USA, aufgenommen im Juli 1963. Es mag sonderbar erscheinen, dass der Taunus 17m auf dem US-Markt mit dem Käfer konkurrierte. Das liegt darin begründet, dass ein „normaler" Ford oder Chevy riesig war und Motoren jenseits der fünf Liter Hubraum aufwies. Da galt ein europäisches Auto, auch wenn die Größenkategorien von 17m, Rekord oder Käfer unterschiedlich waren, als Kleinwagen – egal, welchen Hubraum es zu bieten hatte.

Dem Taunus 17m P2 folgten als „Kleinwagen" im Ford-US-Programm mehrere Cortina-Generationen; hier ein Cortina Mk II Estate von 1966, im Hintergrund eine weiße Zweitürer-Limousine, auf einem US-Gebrauchtwagenplatz Ende der 60er Jahre.

duktionsauslauf war Dagenham an der Reihe und durfte zwei Cortina-Generationen für die USA und Kanada bauen, bis 1969/70. Dann hatte Ford in dieser Größenkategorie ein eigenes Gewächs, den Pinto. Der deutsche Taunus konnte, so wenig wie der britische Cortina, nicht gegen den Käfer auf dem US-Markt reüssieren. Der 17m wurde zwar gekauft, machte dem VW das Leben aber nicht schwer. Das lag daran, dass die Amerikaner das Käfer-Typische schätzten. Der Käfer war eben der Käfer. Und der Taunus 17m P2 war ein kleines US-Car. Dann kaufte der Amerikaner lieber ein echtes US-Car.

Völlig erfolglos: Britische und französische Ford im Kölner Vertrieb

Opel hatte mehr als Ford. Opel hatte ein größeres Programm und neben dem Olympia Rekord auch den großen Kapitän, einen Sechszylinder, den zeitweise einzigen deutschen Sechszylinder und, nach Einführung des Mercedes 220, wenigstens noch den preiswertesten deutschen Sechszylinder. Dem Kapitän hatte Köln nichts entgegenzusetzen. Aber Ford hatte nicht nur zwei europäische Filialen wie General Motors, sondern bis Mitte der 50er Jahre sogar deren drei – Köln, England und Frankreich. Da lag es nahe, deren Produkte als obere Abrundung des Kölner Programms anzubieten. Zunächst entschied sich Ford für den französischen Ford V8.

1934 hatten die französische Ford-Filiale und der elsässische Konstrukteur Mathis fusioniert und bildeten die Marke Matford, um französisierte Versionen der amerikanischen Ford-V8-Modelle zu produzieren – ähnlich funktionierte das in Deutschland mit dem Ford V8 und in England mit dem Ford Pilot. 1939 trennten sich die Vertragsnehmer, und Ford France in Poissy baute seinen eigenen Wagen, den achtzylindrigen Typ F-472. Ihm folgte auf dem Pariser Salon 1948 ein komplett neues Modell, die Ford Vedette, eine große Reiselimousine im Stil des zeitgleichen Mercury. Ford Deutschland hingegen nahm nach dem Krieg die Produktion seines V8-Modells nicht wieder auf. Der Motor der Ford Vedette war so ziemlich der kleinste denkbare Achtzylinder, nur 2158 cm³ groß, 60 PS. Ford Deutschland importierte den Wagen in kleinen Mengen, um eine große Reiselimousine anbieten zu können, und einige wurden verkauft – im Ausstellungsraum des Ford-Händlers wirkte die Buckel-Vedette neben dem Buckel-Taunus tatsächlich wie der größere Bruder. Zuletzt mit Stufenheck wurde die Ford Vedette bis Herbst 1954 verkauft. An wen? In erster Linie an Kunden im frankophilen Saarland. In Westdeutschland blieb die Vedette eine Ausnahmeerscheinung. Zwar hatte der Achtzylinder ein Prestige an sich. Aber es war eben ein kleiner Achtzylinder, mit weniger Hubraum als der Opel-Sechszylinder. Westdeutschland fuhr in dieser Größenklasse Kapitän.

Ford-France hatte einen komplett neuen Vedette für 1955 entwickelt, eine im amerikanischen Stil gehaltene, eindrucksvolle Limousine in drei Ausstattungsvarianten, Trianon, Versailles und die Luxusversion Régence. Auf dem Pariser Salon im Oktober 1954 wurden sie präsentiert, doch nur ganz wenige wurden mit Ford-Markenzeichen verkauft. Denn gleichzeitig, im Oktober 1954, wurde Ford France von Simca übernommen, und so hieß der neue Wagen Simca Vedette. Den Import der beiden Ausstattungslinien Versailles und Régence nach Deutschland übernahm nach wie vor Ford und freute sich, weiterhin einen Achtzylinder anbieten zu können. Doch auch der neue, französische Achtzylinder konnte nicht gegen den Platzhirsch Opel Kapitän bestehen. Und schon gar nicht gegen den Mercedes 220a W180, seit 1954 im zwar konservativen, aber modernen Pontonkleid.

1958 wurde die Vedette grundlegend überarbeitet, ihr Erkennungsmerkmal waren die Heckflossen, und die '58er Vedette-Linien hießen Beaulieu und Chambord, dazu kam der Kombi Marly, ein Ausnahmefahrzeug, denn einen großen, luxuriösen Kombi, größer als 17m Turnier und Rekord Caravan, gab es damals in Westdeutschland außer dem Simca Marly nicht. Die Klientel dafür war allerdings auch gering, Kombis wurden nach wie vor als Handwerkerautos und nicht als luxuriöse Familienfahrzeuge angesehen. Ford sprach von der gelungenen Kombination von amerikanischen Linien mit Pariser Chic, es blieb beim kleinen V8 mit 2351 cm³ mit nunmehr 84 PS, Dreigang-Getriebe mit

Lenkradschaltung. Für die Vedette Beaulieu verlangte Ford 9825 D-Mark, für die Vedette Chambord 10.970 DM, jeweils inklusive Zweifarbenlackierung und Weißwandreifen. Das war ein gut kalkuliertes Angebot, denn der zeitgleiche Opel Kapitän P 2,5, also der „Schlüsselloch-Kapitän", war teurer: Grundmodell 10.250 DM, Kapitän L 11.000 DM. Das hat aber alles nichts genützt, die Westdeutschen kauften in dieser Klasse verständlicherweise lieber einen deutschen Opel aus Rüsselsheim als einen französischen Simca vom Ford-Händler.

Kurzzeitig übernahm NSU in Neckarsulm den Simca-Import, bevor Simca-Deutschland gegründet wurde und die Vedette nunmehr von Simca-Händlern unter der Markenbezeichnung Simca verkauft wurde. Damit hatte Ford-Köln Ende der 50er Jahre keinen Zugriff mehr auf

Mit dem Prestige des V8-Motors und durch den in ganz Europa favorisierten US-Stil hatte die Simca Versailles gute Chancen in der 2,5-Liter-Klasse. Aber in Deutschland stand ihr eben der Platzhirsch Opel Kapitän im Wege. Der Vergleich zum zeitgleichen Ponton-Mercedes hinter der Vedette Versailles belegt, wie modern der Simca war – oder wie altmodisch der Mercedes.

Im Saarland, einerseits frankophil, andererseits französisch besetzt, waren französische Autos Alltag, und der Renault 4CV, das »Cremeschnittchen«, war dort vor dem Käfer das meist gefahrene Auto. Dort bekam man durchaus einen französischen Ford Vedette zu Gesicht. In Hessen eher weniger. Dieser Wagen mit Besatzungskennzeichen, zugelassen in der amerikanischen Zone Hessen und dort in der Stadt Hanau, war eine Ausnahmeerscheinung.

Simca Vedette Marly von 1958, die Kombiversion des Simca V8. Kurzzeitig übernahm NSU in Neckarsulm den Simca-Import, bevor Simca-Deutschland gegründet wurde. Darum trägt dieser Wagen auf dem Werksfoto ein Heilbronner Kennzeichen. Der Marly war konkurrenzlos auf dem deutschen Markt: ein großer Luxuskombi in attraktiver Zweifarbenlackierung mit gehobener Ausstattung und einem V8 unter der Haube. Bis 1961 baute Simca die großen V8-Typen, und in Brasilien überlebten sie sogar bis 1969.

französische Simca V8 und importierte statt ihrer nun den englischen Zodiac Mk III als Top-of-the-Line-Modell, oberhalb des 17m positioniert. Ganz wenige wurden verkauft. Von Roadstern und absoluten Luxusautomobilen abgesehen, trauten die Deutschen britischen Autos nicht. Sie fuhren einen Triumph TR oder einen MG, manche gönnten sich einen Jaguar oder Rolls-Royce – also nur Fahrzeuge, zu denen es keine oder kaum eine Alternative gab. Aber eine Alltagslimousine aus Großbritannien kam für die Westdeutschen nicht infrage.

Auf der IAA 1961 überraschte Opel die Kölner mit der am Fließband gefertigten Coupé-Version des Rekord P II, der Ford nichts entgegenzusetzen hatte. Diesem Affront begegnete Ford mit dem Import des britischen Consul Capri 335, auf dem westdeutschen Markt ein

Nach dem französischen Simca Vedette V8 importierte Ford-Köln in kleinen Mengen den britischen Zodiac. Der englische große Ford war zwar nominell das Pendant zum deutschen, faktisch war er aber stets eine Klasse darüber angesiedelt, hatte schon früher sechs Zylinder unter der Haube und immer eine größere Karosserie. Der britische Ford blieb selten auf Deutschlands Straßen, und wenn einer gesehen wurde, so gehörte er einem englischen Besatzungssoldaten. Der Frankfurter Zodiac Mk III (1962 bis 1966), ein 2,5-Liter-Wagen mit 110 PS, aufgenommen 1969 in Rothenburg ob der Tauber, war eine Ausnahmeerscheinung.

Verspielte Front, ein typisch englisches Design. In Großbritannien wurde der Consul Capri gerne gefahren, fester Bestandteil des „Swingin' London" der 60er Jahre. Ford-Köln importierte ihn in homöopathischen Dosen. Den deutschen Autogeschmack traf der Wagen nicht. Die deutschen Erwartungen an Verarbeitungsqualität auch nicht.

Schöne Programmergänzung nach oben: 1958er Simca V8 Chambord als Opel-Kapitän-Konkurrent, im Ausstellungsraum von Ford-Kühn in Berlin neben einem Taunus 17m P2 Deluxe ausgestellt.

absoluter Flop. Die Karosserielinie war ziemlich verspielt und von Ornamenten geschmückt, das Design sehr amerikanisch, gezeichnet von Roy Brown, der auch den amerikanischen Ford Edsel erschaffen hatte und wegen dessen Misserfolgs nach England strafversetzt worden war. Dort schuf er den ersten Cortina, den Zephyr/Zodiac Mk III und eben den Consul Classic und dessen Coupé-Version Consul Capri. Die Briten mochten das Coupé, die Deutschen nicht, und Ford-Köln beschwerte sich über die lässige Verarbeitungsqualität. Nur ungefähr 500 Exemplare konnte Köln absetzen. Das war der letzte britische Ford, den Köln im offiziellen Angebot hatte. Offiziell importierte Ford-Köln ab 1950 auch US-Fahrzeuge, die anfangs aber mit harten Dollars bezahlt werden mussten. Denn genau das musste Köln der US-Konzernutter dafür auch zahlen.
Ganz anders war die Situation in Österreich und der Schweiz, jeweils Länder ohne nationale Platzhirsche und damit für alle Marken offen. Beide Länder gehörten, wie Großbritannien, zur EFTA, einem Wirtschaftsraum-Zusammenschluss, der in Konkurrenz zur EWG stand. Innerhalb der EFTA konnten Produkte zollbegünstigt im- und exportiert werden, und so war ein deutscher Ford in Österreich oder der Schweiz relativ teurer als ein britischer – was die verhältnismäßig hohe Zahl an Cortina, Corsair, Zephyr und Zodiac in den Alpenländern erklärt.

Von Argentinien in die Türkei, vom Taunus zum Otosan

Eine lange Tradition: Die Ford Motor Company of Argentina montierte schon 1917 erste T-Modelle, die aus den USA als Bausätze geliefert wurden. Nach dem Zweiten Weltkrieg spezialisierte sich die Niederlassung auf Nutzfahrzeuge, die das Land benötigte. Ein lang anhaltender und großer Erfolg war die Produktion des 1961er Ford Falcon, einer für US-Verhältnisse kleinen Limousine, die von Ford Argentina in steter Modifikation 30 Jahre lang bis 1991 am Leben erhalten wurde und eine Art Volkswagen in Argentinien war. In den 70er und frühen 80er Jahren war Ford mit 38 Prozent Marktanteil der größte argentinische Automobilproduzent, maßgeblich daran beteiligt der Taunus beider Generationen, TC1 und TC2. 1984 wurde er vom Sierra ersetzt. Argentinien erlebte unter Präsident Juan Domingo Perón eine große wirtschaftliche Blüte, doch nach seinem Tod 1974 begann ein Zeitabschnitt großer Instabilität mit abwechselnd zivilen und militärischen Regierungen, ein Putsch jagte den anderen, es gab Perioden offenen Staatsterrors und 1982 sogar den Falklandkrieg zwischen Argentinien und Großbritannien um ein paar Inseln im südlichen Atlantik. In dieser instabilen Zeit wurde der argentinische Taunus gebaut.
Motorisiert wurde er nicht mit Kölner Maschinen, sondern mit amerikanischen Vierzylindern mit 2 und 2,3 Litern, Ableitungen des „Pinto-Motors", und um den dortigen Straßenverhältnissen Genüge zu tun, hatte der Argentina-Taunus eine andere, amerikanische Dana-Hinterachse. Den TC1 gab es als Viertürer (2.0 L, 2.0 GXL und 2,3 GXL) und Coupé (2.3 GT und 2.3 GT/SP) bis 1980. Das heißt, Ford Argentina produzierte nie den frühen TC2, sondern stellte vom TC1 gleich auf den TC2 '80 um. Die Besonderheit der argentinischen TC2-Reihe war, dass es weiterhin ein Fastback-Coupé gab, das einzige TC2 Coupé überhaupt, eine lokale Eigenentwicklung. Aus den GXL- wurden nunmehr Ghia-Modelle, Sportversionen waren mit Fünfganggetriebe lieferbar. Generell waren argentinische Taunus besser ausgestattet als europäische, denn sie waren höher positioniert, und weil die Südamerikaner allesamt motorsportbegeistert sind, spielten technisch oder auch nur optisch sportliche Versionen eine große Rolle (daher auch das TC2 Coupé). Zweitürer und Turnier wurden nie in Argentinien produziert, dafür aber der Pickup P100, analog zum südafrikanischen Modell. Bis 1984 stellte Ford Argentinien 72.024 Taunus TC1 und TC2 '80 her, darunter 3.769 TC2 Pickups. Dann folgte der Sierra, der, im Gegensatz zum Europa-Sierra, in Argentinien bis 1993 unverändert gebaut wurde. Die Produktionsanlagen des argentinischen Ford Taunus TC2 '80, also Viertürer und Pickup, wurden 1984 in die Türkei verschifft.

Der türkische Geschäftsmann Vehbi Koç gründete 1959 die Otosan Otomobil Sanayii, wo ab 1963 Ford-Fahrzeuge in Lizenz vom Band liefen, was die Marke Ford in der Türkei sehr populär machte. Otosan produzierte zunächst den englischen Ford Consul Mk II und Ford-Thames-Lastwagen sowie den deutschen Taunus 17m P3 Turnier. Parallel zur zwanzigjährigen Anadol-Episode (ein von Reliant in England für Otosan konstruierter Mittelklassewagen mit Kunststoffkarosserie, sehr populär in der Türkei, produziert zwischen 1966 und 1985) lief ab 1967 der Transit vom Band. 1977 stieg Ford mehrheitlich bei Otosan ein. Danach konzentrierte sich Otosan ab 1984/85 auf den Taunus TC2 '80. Zunächst Taunus 1,6, später zusätzlich 2 Liter, und im Laufe der Jahre wurde der Wagen mehrfach optisch modifiziert. Produktion bis 1993, der Pickup sogar bis 1997 (insgesamt 50.927 Taunus vom Bosporus), seine Nachfolge trat 1993 der Escort IV an. Heute wird der Ford Transit für den gesamten Weltmarkt bei Otosan gefertigt.

Anfangs entsprach der Otosan Taunus optisch dem argentinischen und somit europäischen Modell, wurde aber 1990 deutlich modifiziert und mit Fünfgang-Getriebe versehen, Antrieb stets Vierzylindermotoren mit 1,6 Litern (1593 cm^3, 70 PS) und ab 1989 auch 2 Litern (1993 cm^3, 114 PS). Ab 1990 hatte der TC2 ein deutlich moderneres Aussehen, die Frontpartie etwas schräg gestellt mit neuen Scheinwerfern und in Wagenfarbe lackiertem Kunststoffgrill, vorne und hinten bedeckten

Kunststoffstoßfänger die unverändert gebliebenen Blechteile – gepaart mit einer breiten Flankenschutzleiste sorgten diese Attribute für 90er-Jahre-Modernität. Der 1600er war fortan die Standardversion in GL-Ausstattung, der 2 Liter hieß Taunus GT und war auf Sportlich getrimmt. Den Pickup baute Otosan nicht nach der südafrikanischen Vorlage, sondern nach der argentinischen, also kürzere Kabine dank der Verwendung der kürzeren Vordertüren des Viertürers, dafür längere Pickup-Wanne, diese nicht nur integriert, sondern in speziellen Versionen separat verbaut. Der Pickup ab 1990 trug einen anderen Grill als die Limousine, mit vier rechteckigen Doppelscheinwerfern. In der Türkei sah man auf der Straße in sehr geringen Mengen auch Otosan Taunus als Turnier. Diese Autos stammten nicht aus der Türkei, sondern waren importierte Kölner Wagen, welche Türken (neu oder gebraucht) importiert hatten und ihnen die typischen Otosan-Modifikationen angedeihen ließen. Theoretisch hätte Otosan aus Argentinien auch die Presswerkzeuge zur Fertigung des Coupés bekommen können. Dies war aber nicht der Fall, und so blieb das argentinische TC2 Coupé ein Einzelfall ohne Fortsetzung.

Noch heute auf türkischen Straßen zu sehen: Otosan Taunus 1.6 GL vor dem 1990er Facelift, ein ordentlich erhaltenes Exemplar aus Aydin, im Herbst 2021 erspäht.

Später Taunus 2.0 GT in mittelmäßigem Überlebenszustand als Zugwagen für einen Wohnwagen, zugelassen in Antalya, ebenfalls ein Schnappschuss vom Herbst 2021.

Echt oder nicht echt? Aufgelassener Otosan Taunus Turnier mit vier platten Reifen, am Straßenrand achtlos zurückgelassen. Dabei handelt es sich um einen Kölner Importwagen, der mit lokalen Anbauteilen »otosanisiert« wurde. Der Otosan Taunus wurde mit ehemals argentinischen Werkzeugen gebaut und in Argentinien war kein Turnier im Programm.